我国的食品安全问题

杜立群　编著

中国财政经济出版社

图书在版编目（CIP）数据

我国的食品安全问题 / 杜立群编著 .—北京：中国财政经济出版社，2012. 10

ISBN 978 - 7 - 5095 - 4010 - 7

Ⅰ. ①我… Ⅱ. ①杜… Ⅲ. ①食品安全 - 研究 - 中国 Ⅳ. ①TS201. 6

中国版本图书馆 CIP 数据核字(2012)第 238572 号

责任编辑：杨钧珺　　　　责任校对：黄亚青
封面设计：汪俊宇　　　　版式设计：汪俊宇

中国财政经济出版社出版

URL：http：//www. cfeph. cn

E - mail：cfeph @ cfeph. cn

社址：北京市海淀区阜成路甲 28 号　邮政编码：100142

营销中心电话：88190406　北京财经书店电话：64033436　84041336

北京富生印刷厂印刷　各地新华书店经销

787 × 1092 毫米　16 开　15 印张　195 000 字

2012 年 12 月第 1 版　2012 年 12 月北京第 1 次印刷

定价：38. 00 元

ISBN 978 - 7 - 5095 - 4010 - 7/TS · 0030

（图书出现印装问题，本社负责调换）

质量投诉电话：88190744

前言

笔者多年来一直关注我国的食品安全问题，对国内外的食品安全状况也做过大量的研究。从2011年起至今，受卫生部党校、卫生部干部培训中心的邀请，在他们举办的全国食品安全管理培训班讲课，授课的对象均为食品安全管理系统的地方公务员。

在讲课的过程中，笔者详细分析了我国食品安全的现状、存在的问题及笔者对这些问题的一些思考。本书就是在全国食品安全管理培训班讲义的基础上，扩充了部分内容而形成的。

在写作本书的过程中，笔者的思路是：

一、为我们的读者解读《中华人民共和国食品安全法》及《中华人民共和国食品安全法实施条例》中一些重要的法律规定，当然更多的是注重介绍这些法律条款背后的故事，以便大家能够更好地理解国家的法律、法规的内涵。

二、为读者梳理一下国家部委及地方省级人大、地方各级人民政府为贯彻实施《中华人民共和国食品安全法》及《中华人民共和国食品安全法实施条例》所出台的2000多项部门规章和地方性法规、规定。旨在让我们的读者能够知道中央人民政府和地方各级人民政府对食品安全问题是非常重视的。

三、为读者介绍我国近年来食品安全的现状，分析问题产生的原因及笔者对此的一些思考；同时也给读者介绍一下以美国、欧盟为代表的发达国家的食品安全现状及他们所采取的一些对策。旨在让读者知道食品安全问题不仅仅是中国一个国家的问题，而是全世界的问题。

四、为读者介绍2011年以来全国人大常委会、国务院、国家部委、地方各级人民政府在食品安全问题上采取的一系列举措。旨在让读者知道我国在食品安全问题上正在采取越来越严厉的措施，以治理食品安全领域出现的问题。

五、笔者结合2012年1月1日实施的《中华人民共和国行政强制法》、最高人民检察院在食品安全管理领域所采取的一系列措施，着重介绍国家从法律层面不断规范食品安全领域行政执法的情况。旨在让读者知道国家正在通过法律手段，对食品安全行政执法过程中出现的问题，加大处理的力度，以求净化我国食品的生产、销售市场，保护广大人民群众的身心健康、生命安全。

六、在本书的最后，笔者介绍了我国维护消费者权益的组织机构，以及消费者在遇到食品安全问题时，解决问题的五种渠道及其应该注意的事项。旨在帮助消费者正确维护自己的合法权益。

通过笔者的上述介绍，希望读者能够认识到食品安全问题是中国乃至整个世界在城市化发展过程中必然要经历的一个阶段。整个世界都在为食品安全问题而大伤脑筋，而我国政府在食品安全方面采取的对策，应该说吸收了近年来国外的许多先进经验，同时又创造出了许多具有中国特色的经验、做法。笔者相信随着时间的推移，我们老百姓再也不会为食品安全问题而担忧！

杜立群

2012年8月22日

目　录

第一章
《中华人民共和国食品安全法》解读

第二章
《中华人民共和国食品安全法实施条例》解读

第三章
为贯彻《中华人民共和国食品安全法》及其《中华人民共和国食品安全法实施条例》而出台的规章和地方性规定

第四章
我国食品安全的现状及思考

第五章
国外的食品安全状况以及外国保障食品安全的一些措施

第六章

2011 年我国在食品安全问题上采取的一系列举措

第七章

2012 年我国在食品安全问题上采取的一系列举措

第八章 行政执法机关在食品安全管理执法过程中应该注意的一些问题

第九章 2011年以来最高人民检察院在食品安全管理领域所采取的一系列措施

第十章 消费者在遇到食品安全问题时如何保护自己的权益

附录
相关的法律条款摘录

第一章
《中华人民共和国食品安全法》解读

一、《中华人民共和国食品安全法》概述

《中华人民共和国食品安全法》（以下简称食品安全法）2009 年 2 月 28 日由第十一届全国人民代表大会常务委员会第七次会议通过，自 2009 年 6 月 1 日起施行。

该法共十章一百零四个法律条款，其中：第一章总则十个条款；第二章食品安全风险监测和评估七个条款；第三章食品安全标准九个条款；第四章食品生产经营三十个条款；第五章食品检验五个条款；第六章食品进出口八个条款；第七章食品安全事故处置六个条款；第八章监督管理八个条款；第九章法律责任十五个条款；第十章附则六个条款。

从法律条款的分布来看：第四章食品生产经营三十个条款，为最多；其次第九章法律责任十五个条款。

二、《食品安全法》名称的由来

“国以民为本，民以食为天”，食品安全关系到国家和社会的稳定发展，关系到公民的生命健康权利。如何解决食品安全问题，保护公众身体健康和生命安全，已成为摆在世界各国政府面前的一项重要的战略任务。

根据我国1995年10月30日公布施行的《食品卫生法》，食品卫生是指食品应当具有的良好的性状，也就是食品要达到的标准和要求，包括以下三个方面：（1）食品应当无毒无害，不能对人体造成任何危害；（2）食品应当具有相应的营养，以满足人体维持正常生理功能的需要；（3）食品应当具有相应的色、香、味等感官性状。

而世界卫生组织发表的《加强国家级食品安全性计划指南》中，把“食品安全”与“食品卫生”作为两个不同的概念来进行表述。将“食品安全”解释为：“对食品按其原定用途进行制作和食用时不会使消费者受害的一种担保”；将“食品卫生”解释为：“为确保食品安全性和适合性在食物链的所有阶段必须采取的一切条件和措施”。

食品卫生虽然也是一个具有广泛含义的概念，但是与食品安全相比，食品卫生无法涵盖作为食品源头的农产品种植、养殖等环节；而且从过程安全、结果安全的角度来看，食品卫生是侧重过程安全的概念，不如食品安全的概念更为全面。

在我国《食品安全法》立法的过程中，立法机关吸收、借鉴了世界卫生组织《加强国家级食品安全性计划指南》的做法。对《食品安全法》名称的确定，体现出了立法机关立法理念的变化。与原来的《食品卫生法》相比，《食品安全法》扩大了法律调整的范围，涵盖了“从农田到餐桌”的全过程，对涉及食品安全的相关问题作出了全面规定。

三、《食品安全法》适用的范围

《食品安全法》第二条规定：“在中华人民共和国境内从事下列活动，应当遵守本法：（1）食品生产和加工，食品流通和餐饮服务；（2）食品添加剂的生产经营；（3）用于食品的包装材料、容器、洗涤剂、消毒剂和用于食品生产经营的工具、设备的生产、经营；

(4) 食品生产经营者使用食品添加剂、食品相关产品；(5) 对食品、食品添加剂和食品相关产品的安全管理；(6) 有关食用农产品的质量安全标准的制定和食用农产品安全有关信息的公布。”

与原来的食品卫生法的规定相比，适用范围明显扩大，而且增加了与农产品质量安全法相衔接的规定：

第一，食品添加剂的生产经营应当适用食品安全法。食品添加剂是指为改善食品品质和色、香、味，以及为防腐、保鲜和加工工艺的需要而加入食品中的人工合成或者天然物质。原来的食品卫生法仅对于食品生产经营者使用食品添加剂提出了卫生要求，而本法对食品添加剂的生产经营全过程提出了更加严格的要求。例如，不仅仅是食品生产经营者使用食品添加剂要遵守本法，食品添加剂生产经营者的生产经营行为也要严格遵守本法，遵守本法关于食品安全风险监测和评估、食品安全标准的规定等。

第二，食品相关产品的生产经营应当适用食品安全法。食品相关产品是指用于食品的包装材料、容器、洗涤剂、消毒剂和用于食品生产经营的工具、设备。用于食品的包装材料和容器，是指包装、盛放食品或者食品添加剂用的纸、竹、木、金属、搪瓷、陶瓷、塑料、橡胶、天然纤维、化学纤维、玻璃等制品和直接接触食品或者食品添加剂的涂料。用于食品的洗涤剂、消毒剂，是指直接用于洗涤或者消毒食品。用于食品生产经营的工具、设备，是指在食品或者食品添加剂生产、流通、使用过程中直接接触食品或者食品添加剂的机械、管道、传送带、容器、用具、餐具等。不仅仅是食品生产经营者使用食品相关产品的安全卫生要遵守本法，食品相关产品的生产经营者的生产经营活动也要严格遵守本法有关规定。

第三，增加了与农产品质量安全法相衔接的规定，避免了法律之间由于适用范围的交叉重复可能出现的“打架”现象，明确了食用农产品在食品安全法中的具体适用问题，即供食用的源于农业的初级产品的质量安全管理，遵守农产品质量安全法的规定；制定有关食用农产品的质量安全标准、公布食用农产品安全有关信息，遵守食品安全法的有关规定。而且，这样的规定能够更好地保障食用农产品的质量安全，有利于实现“从农田到餐桌”的全程监管。

四、我国食品安全管理的体制框架及各个职能部门的职责

（一）纵向的管理体制

从纵向来看，我国食品安全管理的体制框架可以分为三个层面（见图1）：

第一个层面是国务院食品安全委员会，这是一个议事协调机构。

第二个层面是国家卫生部、国家农业部、国家质量监督检验检疫总局（以下简称质检总局）、国家工商行政管理总局（以下简称工商总局）、国家食品药品监督管理局（以下简称食品药品监管局），这几个部门根据《食品安全法》的规定，各司其职。

第三个层面是县级以上地方人民政府的卫生行政、农业行政、质量监督、工商行政管理、食品药品监管部门根据《食品安全法》的规定，在各自职责范围内负责本行政区域的食品安全监督管理工作。

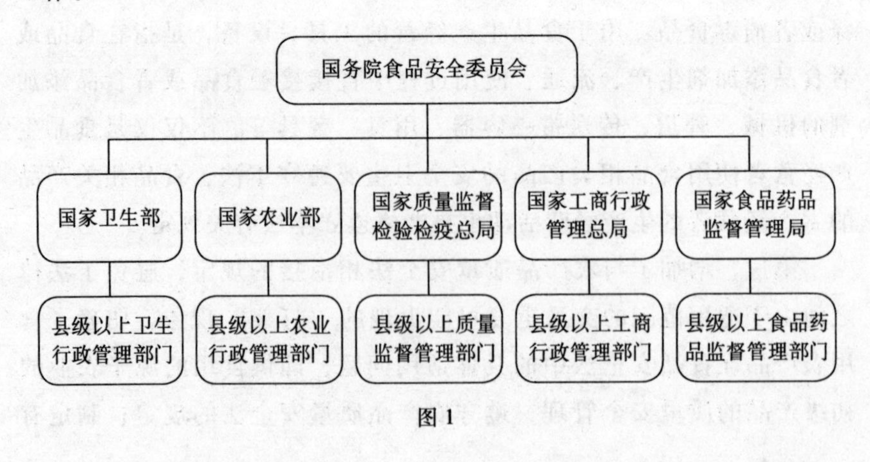

图1

（二）横向的管理体制

从横向来看，我国的食品安全管理的体制框架可以分为两个层面：

第一个层面是国务院食品安全委员会在国务院的领导下协调国家发展改革委、科技部、工业和信息化部、公安部、财政部、环境保护部、农业部、商务部、卫生部、工商总局、质检总局、粮食局、食品药品监管局等十三个部委在各自的职责范围之内做好食品安全监督管理工作。

第二个层面是县级以上地方人民政府统一负责、领导、组织、协调本行政区域的食品安全监督管理工作，建立健全食品安全全程监督管理的工作机制；统一领导、指挥食品安全突发事件应对工作；完善、落实食品安全监督管理责任制，对食品安全监督管理部门进行评议、考核。上级人民政府所属部门在下级行政区域设置的机构在所在地人民政府的统一组织、协调下，依法做好食品安全监督管理工作。

（三）各主要职能部门的职责

1. 国务院食品安全委员会的职责：根据《食品安全法》的规定，国务院设立食品安全委员会，作为高层次的议事协调机构，日常工作由国务院食品安全委员会办公室负责处理。主要职责是分析食品安全形势，研究部署、统筹指导食品安全工作；提出食品安全监管的重大政策措施；督促落实食品安全监管责任。

2. 国务院卫生行政部门也就是国家卫生部主要在以下几个方面，承担食品安全综合协调职责：

第一，食品安全风险评估。卫生部负责组织食品安全风险评估工作，成立由医学、农药、食品、营养等方面的专家组成的食品安全风险评估专家委员会进行食品安全风险评估。

第二，食品安全标准的制定。依据《食品安全法》及标准化法的规定，卫生部负责组织成立食品安全国家标准审评委员会，制定、公布关于食品、食品添加剂等的食品安全国家标准，国务院标准化行政部门也就是国家质检总局提供国家标准编号。卫生部还应当对现行的食用农产品质量安全标准、食品卫生标准、食品质量标准和有关食品行业标准中强制执行的标准予以整合，统一公布食品安全国家标准。

第三，食品安全信息的公布。依照《食品安全法》规定，需要由卫生部统一公布的“食品安全信息”一般情况下包括：国家食品安全总体情况、食品安全风险评估信息和食品安全风险警示信息、重大食品安全事故及其处理信息，以及其他重要的食品安全信息和国务院确定的需要统一公布的信息。卫生部除公布依法应当统一公布的食品安全信息之外，还要协调好各食品安全监督管理部门的日常监督管理信息公布工作。

第四，食品检验机构的资质认定条件和检验规程的制定。除非法律另有规定，食品检验机构按照国家有关认证认可的规定取得资质认定后，方可从事食品检验活动。食品安全法施行前经国务院有关主管部门批准设立或者经依法认定的食品检验机构，可以依照《食品安全法》继续从事食品检验活动。食品检验机构按照卫生部制定的资质认定条件取得相应资质后，必须依照卫生部制定的检验规程从事食品检验活动。

第五，组织查处食品安全重大事故。食品安全重大事故涉及人数较多的群体性食物中毒或者出现死亡病例，往往会对公众健康和社会稳定造成严重损害和恶劣影响，因此建立健全应对重大食品安全事故的救助体系和运行机制，协调各食品安全监督管理部门的食品安全事故查处工作，有效预防、积极应对、及时控制食品安全重大事故，最大限度地减少食品安全重大事故的危害，保障公众身体健康与生命安全，维护正常的社会秩序，是负责食品安全综合协调的卫生部的重要职责。

第六，其他需要卫生部承担综合协调职责的事项，如国务院食品安全委员会交办的食品安全综合协调事项。

3. 国务院质量监督部门也就是国家质检总局负责食品生产加工环节的监督管理。具体的职责是：

第一，根据《中华人民共和国产品质量法》（以下简称《产品质量法》）、《食品卫生法》及其实施条例，组织实施国内食品生产加工环节质量安全卫生监督管理。组织实施国内食品生产许可、强制检验等食品质量安全准入制度。负责调查处理国内食品生产加工环节的食品安全重大事故。

第二，组织实施出入境卫生检疫、传染病监测和卫生监督工作；管理国外疫情的收集、分析、整理，提供信息指导和咨询服务。

第三，组织实施出入境动植物检疫和监督管理；管理国内外重大动植物疫情的收集、分析、整理，提供信息指导和咨询服务；依法负责出入境转基因生物及其产品的检验检疫工作。

第四，组织实施进出口食品的安全、卫生、质量监督检验和监督管理；管理进出口食品生产、加工单位的卫生注册登记，管理出口企业对外卫生注册工作。

第五，承办国务院交办的其他事项。

4. 国务院工商行政管理部门也就是国家工商总局负责食品流通环节的监督管理。具体职责是：

第一，拟订流通环节食品安全监督管理的具体措施、办法；组织实施流通环节食品安全监督检查、质量监测及相关市场准入制度；承担流通环节食品安全重大突发事件应对处置和重大食品安全案件查处工作。

第二，拟订保护消费者权益的具体措施、办法。

第三，承担监督管理流通环节食品安全的责任，组织开展有关服务领域消费维权工作，按分工查处假冒伪劣等违法行为，指导消费者咨询、申诉、举报受理、处理工作，保护经营者、消费者合法权益。

第四，加强和完善工商行政执法，构建食品安全市场监督管理长效机制。

第五，承办国务院交办的其他事项。

5. 国家食品药品监督管理部门也就是国家食品药品监管局负责对餐饮服务活动实施监督管理。具体职责是：

第一，制定消费环节食品安全监督管理的政策、规划并监督实施，参与起草相关法律法规和部门规章草案。

第二，负责消费环节食品卫生许可和食品安全监督管理。

第三，制定消费环节食品安全管理规范并监督实施，开展消费环节食品安全状况调查和监测工作，发布与消费环节食品安全监管有关的信息。

第四，组织查处消费环节食品安全的违法行为。

第五，指导地方食品方面的监督管理、应急、稽查和信息化建设工作。

第六，承办国务院及卫生部交办的其他事项。

五、各个职能部门之间的衔接

我国之所以实行食品安全分段监管的体制，主要是由于食品安全监督管理的链条比较长，从农田到餐桌的全程监管工作单独由一个部门承担可能会力不从心，造成监管失灵。如果由几个部门按照职责分工共同监管，可以有效调动各个部门的积极性，发挥其各自专业领域的优势并形成合力，达到有效监管的目标。

在食品安全法的审议过程中，如何进一步完善食品安全监管体制，提高监管部门之间的协调性成为立法的焦点问题之一。因此，食品安全法在规定实行分段监管的食品安全监督管理体制的同时，还特别强调要加强部门之间的配合协作，以免各个监管部门在工作衔接上出现交叉重复或者监管漏洞。

根据《食品安全法》的规定：

农业部、质检总局、工商总局和国家食品药品监管局等有关部门获知有关食品安全风险信息后，应当立即向卫生部通报。卫生部会同有关部门对信息核实后，应当及时调整食品安全风险监测计划。

农业部、质检总局、工商总局和国家食品药品督管局等有关部门应当向卫生部提出食品安全风险评估的建议，并提供有关信息和资料。卫生部应当及时向国务院有关部门通报食品安全风险评估的结果。

卫生部应当会同国务院有关部门，根据食品安全风险评估结果、食品安全监督管理信息，对食品安全状况进行综合分析。对经综合分析表明可能具有较高程度安全风险的食品，卫生部应当及时提出食品安全风险警示，并予以公布。

境外发生的食品安全事件可能对我国境内造成影响，或者在进口食品中发现严重食品安全问题的，国家出入境检验检疫部门应当及时采取风险预警或者控制措施，并向卫生部、农业部、工商总局和国家食品药品监管局通报。接到通报的部门应当及时采取相应措施。

农业部、质检总局、工商总局、食品药品监管局在日常监督管理中发现食品安全事故，或者接到有关食品安全事故的举报，应当立即向卫生部通报。

县级以上卫生局、农业局、质检局、工商局、食品药品监管局应当加强沟通、密切配合，按照各自职责分工，依法行使职权，承担责任。

县级以上卫生局接到食品安全事故的报告后，应当立即会同农业局、质检局、工商局、食品药品监管局进行调查处理。

县级以上卫生局、质检局、工商局、食品药品监管局接到咨询、投诉、举报，对属于本部门职责的，应当受理，并及时进行答复、核实、处理；对不属于本部门职责的，应当书面通知并移交有权处理的部门处理。有权处理的部门应当及时处理，不得推诿；属于食品安全事故的，依照有关规定进行处置。

六、我国立法对国外立法经验的借鉴

就目前的情况而言，美国在食品安全立法方面走在了世界的前列。日本在食品安全立法上学习了美国的方法，先是制定了专门的食品安全类法律，随后又成立了食品安全委员会作为食品安全专管机构。不仅如此，日本先后20多次修改食品安全法，逐渐在法律中明确国家、地方公共团体、食品业界乃至消费者的责任和义务。

日本的食品安全监管体制与中国比较相似，按照食品从生产、加工到销售流通等环节明确有关政府部门的职责，注重部门之间的明确分工和配合协作。日本于2003年通过了《食品安全基本法》，在内阁成立了食品安全委员会，专门对农林水产省和厚生劳动省的食品安全管理工作进行协调。农林水产省主要负责国内生鲜农产品生产环节的安全管理，包括农业投入品（农药、化肥、饲料和兽药等）产、销、用的监督管理，进口农产品动植物检疫，国产和进口粮食的安全性检查，国内农产品品质和标识认证以及认证产品的监督管理，农产品加工中危害分析与关键控制点方法的推广，流通环节中批发市场和屠宰场的设施建设，消费者反映和信息的搜集沟通等。厚生劳动省主要负责加工和流通环节食品安全的监督管理，包括组织制定农产品中农药、兽药最高残留限量标准和加工食品卫生安全标准，对进口食品的安全检查，国内食品加工企业的经营许可，食物中毒事件的调查处理，流通环节食品（畜、水产品）的经营许可和依据食品卫生法进行监督执法以及发布食品安全情况。农林水产省和厚生劳动省之间既有分工，又有合作。例如，农药、兽药残留限量标准的制定工作就是由两个部门共同完成的。

我国在食品安全立法问题上，借鉴了日本的立法经验。我国的《食品安全法》食品安全管理体制框架就是充分吸收了日本的经验，结合我国的实际情况而制定的。应该说国家在立法层面对制度的设计是非常细致、非常周密的。

七、《食品安全法》中强制性法律条款的设置

法律条款依据权利、义务的刚性程度，可以分为强制性法律条款和任意性法律条款。

所谓强制性法律条款是指必须依照该法律条款去做、不能以个人意志予以变更和排除适用的法律条款。

所谓任意性法律条款则允许主体变更、选择适用或者排除该法律条款的适用。例如合同的订立、合同形式的选用、履行的方式，公司中经理人的设置、职权的规定，证券的投资，票据的转让等，都可以由当事人按照自己的意思自由决定。

法律强制性是指国家强制的一种法律制度，是国家必须实施的一种强制手段，也只有通过这种手段才能维护我们国家的一些必须要维护的任务和利益。强制性规定在《食品安全法》中随处可见，在法律条文中多表现为：不得……禁止……必须……应当……等，不胜枚举。

在《食品安全法》核心部分——第四章食品生产经营三十个法律条款中，除第三十条、第五十六条外，其他二十八个条款均为强制性条款，也就是说这二十八个条款都是食品生产经营者必须无条件的遵守和执行的，不能以个人意志予以变更和排除适用。一旦食品生产经营者违反这些强制性法律规定，就将受到法律的制裁。

八、《食品安全法》一些法律条款的解读

（一）关于食品生产经营者的社会责任问题

1. 法律规定

《食品安全法》第三条说："食品生产经营者应当依照法律、法规和食品安全标准从事生产经营活动，对社会和公众负责，保证食品安全，接受社会监督，承担社会责任"。

本条是关于食品生产经营者的社会责任的规定。法律之所以要写这一条，是因为无论是在国际还是在国内，企业的社会责任都引起了广泛的关注和热烈的讨论。

2. 企业社会责任的概念

所谓企业的社会责任，目前国际上普遍认同的概念是：企业在创造利润、对股东利益负责的同时，还要承担对相关利益方（消费者、员工、社会和环境）的社会责任，包括遵守商业道德、注重产品质量安全、保障员工合法权益、帮助弱势群体就业、依法纳税和热心慈善、保护环境和节约资源等。食品作为一种特殊产品，直接关系到公众的身体健康和生命安全。食品安全企业应当承担起保证食品安全的法律义务和社会责任。而且公众衡量食品企业是否承担起了社会责任，最重要的标准就是看食品企业能否保证其所生产的食品的安全。

3. 食品企业保证食品安全的社会责任包括的内容

提供安全食品的责任；如实提供食品安全信息的责任；遵循良好的操作规范、依法进行生产经营活动的责任。

食品的质量安全问题不仅仅威胁公众身体健康和生命安全，同时也从多方面影响到经济发展与社会稳定。目前，公众对食品企业的期望日益增强，期望食品企业尽快主动地承担起保证食品安全的

社会责任。很多食品企业也已经逐渐意识到承担社会责任、保证食品安全的重要性和积极意义。

一个企业产品的优质和安全是一个企业发展的根本条件和前提。积极履行保证食品安全的社会责任，能给食品企业的健康稳定发展带来积极的作用：一是可以提升企业品牌形象，增强企业核心竞争力；二是可以赢得市场和人心，提升企业经济效益；三是可以加速实现社会的可持续发展和提高人民生活水平。

4. 如何理解《食品安全法》对于食品生产经营者是食品安全的第一责任人的规定

《食品安全法》对于食品生产经营者是食品安全的第一责任人的规定可以从正反两方面理解：

从正面来说，食品生产经营者应当依照法律、法规和食品安全标准从事生产经营活动。食品企业追求利润无可厚非，但前提是一定要承担起保证食品安全的社会责任。食品企业应该努力提供安全、丰富、优质的产品，以保障消费者的身心健康，满足广大消费者的需求，增进社会的福利，这样才称得上是对社会和公众负责。在保证食品安全的前提下进行生产经营活动的过程中，还要尊重消费者权利、维护消费者利益，接受广泛的社会监督，即新闻媒体等的舆论监督和其他组织、个人的监督等。

从反面来说，如果食品生产经营者出现违法行为，违反了保证食品安全的社会责任，危害到公众的身体健康和生命安全，就应受到法律制裁，并对受害者承担起损害赔偿等相应的法律责任。

（二）关于禁止生产、经营项目的规定

1. 法律规定

我国的《食品安全法》第二十八条规定："禁止生产经营下列食品：

（一）用非食品原料生产的食品或者添加食品添加剂以外的化学

物质和其他可能危害人体健康物质的食品，或者用回收食品作为原料生产的食品；

（二）致病性微生物、农药残留、兽药残留、重金属、污染物质以及其他危害人体健康的物质含量超过食品安全标准限量的食品；

（三）营养成分不符合食品安全标准的专供婴幼儿和其他特定人群的主辅食品；

（四）腐败变质、油脂酸败、霉变生虫、污秽不洁、混有异物、掺假掺杂或者感官性状异常的食品；

（五）病死、毒死或者死因不明的禽、畜、兽、水产动物肉类及其制品；

（六）未经动物卫生监督机构检疫或者检疫不合格的肉类，或者未经检验或者检验不合格的肉类制品；

（七）被包装材料、容器、运输工具等污染的食品；

（八）超过保质期的食品；

（九）无标签的预包装食品；

（十）国家为防病等特殊需要明令禁止生产经营的食品；

（十一）其他不符合食品安全标准或者要求的食品。”

2. 对该法律条款的理解

本条是对禁止生产经营的食品的规定：

食品对人类造成的危害主要是食品本身含有毒素和食品受到污染。食品污染是指原材料从生长到成熟的过程中，包括从加工、贮藏、运输、销售、烹调直到食用前的各个环节，由于各种条件和因素的作用，可能使某些有害物质进入动植物体内或直接进入食品。使食品的营养价值、卫生质量下降，甚至对人体造成不同程度的危害。

（1）禁止生产经营用非食品原料生产的食品或者添加食品添加剂以外的化学物质和其他可能危害人体健康物质的食品，或者用回收食品作为原料生产的食品。

比如：有些生产者在生产腐竹的过程中添加吊白块的问题、全国各地餐饮行业的地沟油的回收利用问题、用工业酒精兑制的假酒问题、添加三聚氰胺的婴儿奶粉问题、部分利欲熏心的食品生产者利用回收食品为原料生产的食品等，这些食品不符合食品标准，食用后会对人体健康造成损害，严重的甚至会导致死亡，因此必须禁止生产。

（2）禁止生产经营致病性微生物、农药残留、兽药残留、重金属、污染物质以及其他危害人体健康的物质含量超过食品安全标准限量的食品。

比如：媒体曾经报道有些企业在生产的火腿里掺入敌敌畏的问题。一般而言，要做到食品中致病性微生物、农药残留、兽药残留等物质含量为零，成本过于高昂，缺乏可操作性，另外人体对这些物质有一定的耐受性；但是这些物质如果过量，就将损害人体健康。具体衡量是否超标的依据就是目前正在执行的各种食品安全标准。这些物质如果超过食品安全标准限量的，就必须禁止生产经营。

（3）营养成分不符合食品安全标准的专供婴幼儿和其他特定人群的主辅食品。

比如：三鹿婴幼儿奶粉问题。婴幼儿时期是人类生长发育的基础阶段，专供婴幼儿的食品应适应婴幼儿生长发育的特点。婴幼儿本身体质比较虚弱，免疫力较差，非常容易受病毒或细菌感染，而且由于受到体质限制等原因，他们不容易吸收食物的各种营养成分。所以，专供婴幼儿的食品应根据年龄及生长发育的特点，为他们制定专项标准。其他特定人群一般是指患有特殊疾病的人，如糖尿病人，或者身体有某种倾向的人，如易疲劳人群等，根据这些人体质的不同特点，应制定不同的食品标准。如果食品营养成分不符合食品安全标准，婴幼儿和其他特定人群就不能从食品中摄取足够的养分，针对自身体质食用适合自己的食品。

（4）禁止生产经营腐败变质、油脂酸败、霉变生虫、污秽不洁、

混有异物、掺假掺杂或者感官性状异常的食品。

食品的“腐败变质”指食品经过微生物作用使食品中某些成分发生变化，感官性状发生改变而丧失可食性的现象。这些食品一般含有沙门氏菌、痢疾杆菌、金黄色葡萄球菌等致病性病菌，容易导致食物中毒。“油脂酸败”指油脂和含油脂的食品，在储存过程中经微生物、酶等作用，而发生变色、气味改变等变化。“霉变”是指霉菌污染繁殖，有时表面可见霉丝和霉变现象，这种霉菌毒素在高温高压条件下，也不易被破坏，使食品有较强的毒性。比如：几年前南京老牌企业冠生园月饼案件；再比如前几年被新闻媒体广泛报道的陈化粮事件，就是因为陈化粮中的黄曲霉菌超标。黄曲霉菌产生的黄曲霉毒素是目前发现的最强化学致癌物，尤其可以导致肝癌。因此，按照国家的规定，陈化粮是绝对不允许直接作为口粮进行销售的。

（5）禁止生产经营病死、毒死或者死因不明的禽、畜、兽、水产动物肉类及其制品。

这是因为病死、毒死或死因不明的禽、畜、兽、水产动物肉类体表及体内往往含有致病性微生物或寄生虫，人们在食用这类肉类及其制品后会导致食物中毒，发生病患甚至死亡。

（6）禁止生产经营未经动物卫生监督机构检疫或者检疫不合格的肉类或肉类制品。

为了使群众吃上放心肉及肉制品，有必要对肉类及肉类制品进行检疫，检疫合格的，允许进入市场销售；检验不合格的，说明某些指标不符合食品标准，应当坚决制止其流入市场。如针对生猪屠宰，《生猪屠宰管理条例》明确规定，生猪定点屠宰厂（场）屠宰的生猪，应当依法经动物卫生监督机构检疫合格，并附有检疫证明。经肉品品质检验合格的生猪产品，生猪定点屠宰厂（场）应当加盖肉品品质检验合格验讫印章或者附具肉品品质检验合格标志。

（7）禁止经营被包装材料、容器、运输工具等污染的食品。

包装材料一般指包装、盛放食品用的纸、竹、木、金属、搪瓷、天然纤维、玻璃等制品。生产后的产品要求使用符合要求的包装材料、容器包装，使用符合要求的运输工具运输。包装污秽、严重破损或者运输工具不洁，容易导致食品污染。

（8）禁止经营超过保质期的食品。

比如，2011 年媒体曾经报道某大型名牌企业把过保质期或者接近保质期的火腿回收再加工，重新制成火腿上市销售。食品通常只在一定时间内保持相应的营养水平和卫生标准，超过这一期限，就极容易发生变质，食用后往往导致程度不同的中毒或其他疾病。所以本条第八项规定禁止经营超过保质期限的食品。食品生产企业应当对必须标明保质期限的食品认真标出保质期。

保质期应从食品加工结束当日算起，并在生产厂内包装工序结束时加盖保质期限印记，不允许从发货之日和销售单位收货之日起计算。2011 年媒体就曾经多次报道包括家乐福超市在内的许多商家肆意涂改生产日期、保质期的问题。

（9）禁止销售无标签的预包装食品。

预包装食品，是指预先定量包装或者制作在包装材料和容器中的食品。食品标签，是指在食品包装容器上或附于食品包装容器上的一切标签、吊牌、文字、图形、符号说明物。标签的基本功能为说明食品名称、配料表、净含量及固形物含量、厂名、批号、生产日期等。食品标签是对食品质量特性、安全特性、食用说明的描述。之所以要在预包装食品上标明食品标签，一是广大消费者的需要。广大消费者可以借助食品标签来选购食品，通过观察标签的整个内容，了解食品名称，了解其内容物是什么食品，是由什么原料和辅料制成的，以及生产厂家和质量情况等。二是生产者和经销者的需要。他们通过标签来扩大宣传，让广大消费者了解企业和产品；同时，不同生产企业以自己特有的标签标志来维护自己的合法权益，以防其他假冒自己食品标签的食品。三是出口和国际食品行业技术交流的需要。因此，法律规定，禁止销售无标签的预包装食品。

（10）禁止生产经营国家为防病等特殊需要明令禁止生产经营的食品。

该项规定延续了原来的食品卫生法的内容。对于国家明令禁止生产经营的食品，任何单位和个人不得生产经营。

（11）对于其他不符合食品安全标准或者要求的食品，禁止生产经营。

用法律术语讲，这一条叫兜底条款。目的主要是为以后的食品安全立法留下一定的空间。

（三）关于食品生产经营的许可制度问题

1. 法律规定

《食品安全法》第二十九条规定："国家对食品生产经营实行许可制度。从事食品生产、食品流通、餐饮服务，应当依法取得食品生产许可、食品流通许可、餐饮服务许可。

取得食品生产许可的食品生产者在其生产场所销售其生产的食品，不需要取得食品流通的许可；取得餐饮服务许可的餐饮服务提供者在其餐饮服务场所出售其制作加工的食品，不需要取得食品生产和流通的许可；农民个人销售其自产的食用农产品，不需要取得食品流通的许可。

食品生产加工小作坊和食品摊贩从事食品生产经营活动。应当符合本法规定的与其生产经营规模、条件相适应的食品安全要求，保证所生产经营的食品卫生、无毒、无害。有关部门应当对其加强监督管理，具体管理办法由省、自治区、直辖市人民代表大会常务委员会依照本法制定。"

2. 对该法律条款的理解

本条是国家对食品生产经营实行许可制度的规定，条款从三个方面进行了表述。

(1) 国家对食品生产经营实行许可制度。与征求全民意见的食品安全法(草案)相比，本条的规定作了较大幅度的调整。

第一，原草案中规定“生产在本乡(镇)行政区域内销售的食品，不需要获得食品生产的许可”。原草案的考虑主要是通过乡间熟人的口碑、信誉等来监督食品生产者，使其不敢造假。但是考虑到我国进入市场经济后，食品流通日益发达，食品流通已经没有省界。甲地生产的食品，通过物流，很容易达到千里之外的乙地。因此草案的规定有可能在实践中带来一些问题。经过认真研究，立法机关将其修改为“农民个人销售其自产的食用农产品，不需要取得食品流通的许可”，使该规定含义更加明确，更有可操作性。

第二，原草案中有“未经许可，任何单位或者个人不得从事食品生产经营活动”的规定。在草案审议过程中，有的全国人大常委会组成人员提出，据统计，我国有50万家企业在生产食品，实际上还不止这些，很多小作坊根本不在统计范围之内，但目前只有10万余家有生产许可证，“未经许可，任何单位或者个人不得从事食品生产经营活动”的规定实际是做不到的。立法机关经过慎重研究，删除了该规定。

(2) 几种特殊情况下的行政许可。本条规定本着精简行政许可的精神，对一些情况作了特殊规定：

第一，取得食品生产许可的食品生产者在其生产场所销售其生产的食品，不需要取得食品流通的许可。虽然从严格意义上讲，这种情况也属于销售，是食品经营的范畴，但这种情况又具有自己的特点，如生产者固定、销售条件具备，因此法律规定在这种情况下不需要再取得食品流通的许可。

第二，取得餐饮服务许可的餐饮服务提供者在其餐饮服务场所出售其制作加工的食品，不需要取得食品生产和流通的许可。如有的餐饮服务者在餐厅里生产手工水饺等供消费者购买，从防止行政许可过多、减轻餐饮服务者负担的角度，法律规定在这种情况下不

需要取得食品生产和流通的许可。

第三，农民个人销售其自产的食用农产品，不需要取得食品流通的许可。在一家一户分散经营占多数的农村，农民个人销售其自产的食用农产品很常见。这种现象地域分布广、季节性强，如果都要求办理食品流通的许可，难度很大。考虑到农民的实际需要，法律规定对这种情况，不需要取得食品流通的许可。

（3）食品生产加工小作坊和食品摊贩的管理。食品生产加工小作坊和食品摊贩是食品安全事故的多发地，食品监管相对薄弱，既不能都实施许可，又不能放任不管。另外，小作坊的问题具有地域性。实践中，一些地方人大常委会已经专门就此制定了地方性法规加以规范。因此，本法一方面规定食品生产加工小作坊和食品摊贩从事生产经营活动应当符合本法规定的与其生产经营规模、条件相适应的食品生产安全要求，保证所生产经营的食品卫生、无毒、无害，有关部门应当对其加强监督管理。另一方面，授权地方人大常委会根据本地实际情况制定对食品生产加工小作坊和食品摊贩的管理办法。

3. 笔者简评

就目前全国的情况而言，许多地方迄今为止还没有出台对食品生产加工小作坊和食品摊贩的管理办法。这也就导致了许多地方的执法部门在食品安全管理行政执法时出现了许多混乱的现象。本书第四章将详细分析这个问题，此处不再赘言。

（四）关于食品生产经营企业自身的管理问题

1. 法律规定

《食品安全法》第三十二条规定：“食品生产经营企业应当建立健全本单位的食品安全管理制度，加强对职工食品安全知识的培训，配备专职或者兼职食品安全管理人员，做好对所生产经营食品的检验工作。依法从事食品生产经营活动。”

2. 如何理解这些规定

本条是对食品生产经营企业自身管理的规定。食品生产经营企业的卫生状况是保证食品卫生、防止食品污染和食物中毒最重要的部分，必须明确责任，严格管理。因此，本条规定，食品生产经营企业应当建立本单位的食品安全管理制度，加强对职工食品安全知识的培训，配备专职或者兼职食品安全管理人员，做好对所生产经营食品的检验工作。加强对所生产经营食品的安全管理，严格食品卫生质量的自我控制，提高食品生产合格率，保证食品卫生，保障人民健康，是食品生产经营企业的法律义务。

具体而言，食品生产经营企业加强食品安全自身管理主要有以下形式：

首先，食品生产经营企业要建立本单位的食品安全管理制度。建立健全完善的各项食品安全管理制度是食品生产经营企业保证其生产经营的食品达到相应食品安全要求的基本前提。不同类型的食品生产经营单位应制定相应的管理制度，如食品经营企业的食品安全管理制度一般应包括经营食品索证索票制度、台账管理制度、库房管理制度、食品销售与展示卫生制度、从业人员健康检查制度、从业人员食品安全知识培训制度、食品用具清洗消毒制度和卫生检查制度等。通过建立相关规章制度，把法律有关规定变成食品生产经营企业的具体规章制度，并要求每个食品从业人员认真遵守，通过制度加强对食品生产经营过程中的管理。

其次，通过各种形式，对职工进行食品安全知识的教育培训，使职工树立“食品安全无小事”的意识，不断增强食品安全意识的自觉性和责任心。宣传普及《食品安全法》，使食品从业人员树立起食品卫生的法制观念，增强守法的自觉性；定期培训，提高食品从业人员的食品安全知识水平，增强保证食品安全的自觉性。

再次，良好的食品安全管理组织与机构是全面落实食品安全管理制度的基础。每个食品生产经营企业都要配备专职或者兼职的食品安全管理人员，所有的食品安全管理人员，都应经过食品安全法律法规和食品卫生知识的学习和培训。

最后，建立食品生产经营企业的食品检验机构，做好对所生产经营食品的检验工作。

3. 笔者简评

这条规定非常好，非常严密，但企业执行起来、实际操作起来就不一定是那么一回事了，这些年来频频发生的食品安全事故就说明了这一点，因此还是需要我们的行政执法部门加强监督和管理。

《2012 年食品安全重点工作安排》中特别强调要“强化食品生产经营企业内部管理”，要严格执行食品从业人员每年不少于 40 小时的培训制度，提高食品从业人员的食品安全意识和能力。要分类完善监管措施，切实提高大型食品生产经营企业的质量安全控制水平和应对突发事件能力。衷心希望这些监管措施能够得到切实的贯彻和执行。

（五）关于添加按照传统既是食品又是中药材的问题

1. 法律规定

《食品安全法》第五十条规定：“生产经营的食品中不得添加药品，但是可以添加按照传统既是食品又是中药材的物质。按照传统既是食品又是中药材的物质的目录由国务院卫生行政部门制定、公布。”

2. 对该法律条款的理解

本条款对食品中不得添加药品以及可以添加按照传统既是食品又是中药材的物质进行了规定。

现代社会的人越来越注重保养，所以很多人经常吃一些既是食品又是中药材的物质，进行他们所谓的食补。我国自古以来就有食疗的传统，讲究通过饮食调节达到预防、治疗疾病的效果。但是，人们往往急于求成，急于看到食疗的效果，而忽视了饮食调节是一个长期、缓慢的过程，不可能是立竿见影的，不可能像药品那样药到病除。为了迎合人们的这种心理，追求立竿见影的疗效，获取经济利益，一些食品厂家在保健食品等食品中添加禁用药品，欺骗消费者，危害公众身体健康。因此，必须严格禁止在食品中添加药品。但是，也应注意到我国传统的中医药学自古以来就有药食同源的思想，即药与食物相同，某些物质既是食物又是中药材。《黄帝内经太素》中写道："空腹食之为食物，患者食之为药物"。中药与食物一样来源于大自然中的动植物，很多中药与食物，很难截然分开，可以说身兼两职，如麦芽、山药、百合、杏仁、无花果、山茶、生姜、桂皮等。因此，在我国，药品与食品不能完全一分为二，有些中药材本身也是食品。所以，一方面要明确生产经营的食品不得添加药品这一原则，另一方面也要允许添加列入目录的按照传统既是食品又是中药材的物质。

2002 年 3 月，卫生部公布的《关于进一步规范保健食品原料管理的通知》，对药食同源物品、可用于保健食品的物品和保健食品禁用物品作了具体规定。其中：

既是食品又是药品的物品包括：丁香、八角茴香、刀豆、小茴香、小蓟、山药、山楂、马齿苋、乌梢蛇、乌梅、木瓜、火麻仁、代代花、玉竹、甘草、白芷、白果、白扁豆、白扁豆花、龙眼肉（桂圆）、决明子、百合、肉豆蔻、肉桂、余甘子、佛手、杏仁（甜、苦）、沙棘、牡蛎、芡实、花椒、赤小豆、阿胶、鸡内金、麦芽、昆布、枣（大枣、酸枣、黑枣）、罗汉果、郁李仁、金银花、青果、鱼腥草、姜（生姜、干姜）等 80 余种。

可用于保健食品的物品包括人参、人参叶、人参果、三七、土茯苓、大蓟、女贞子、山茱萸、川牛膝、川贝母、川芎、马鹿胎、马鹿茸、马鹿骨、丹参、五加皮、五味子、升麻、天门冬、天麻、太子参、巴戟天、木香、木贼、牛蒡子、牛蒡根、车前子、车前草、北沙参、平贝母、玄参、生地黄、生何首乌、白及、白术、白芍、

白豆蔻、石决明等110余种。

保健食品禁用物品包括八角莲、八里麻、千金子、土青木香、山莨菪、川乌、广防己、马桑叶、马钱子、六角莲、天仙子、巴豆、水银、长春花、甘遂、生天南星、生半夏、生白附子、生狼毒、白降丹、石蒜、关木通、农吉痢、夹竹桃、朱砂、米壳（罂粟壳）等60余种。

生产经营者应当依照卫生部公布的目录添加允许添加的既是食品又是中药材的物质，不得添加禁止添加的物质。

（六）关于保健食品的规定

1. 法律规定

《食品安全法》第五十一条规定：“国家对声称具有特定保健功能的食品实行严格监管。有关监督管理部门应当依法履职，承担责任。具体管理办法由国务院规定。

声称具有特定保健功能的食品不得对人体产生急性、亚急性或者慢性危害，其标签、说明书不得涉及疾病预防、治疗功能。内容必须真实，应当载明适宜人群、不适宜人群、功效成分或者标志性成分及其含量等；产品的功能和成分必须与标签、说明书相一致。”

2. 如何理解这些规定

本条是关于声称具有特定保健功能的食品的规定：

声称具有特定保健功能的食品，即保健食品，是指适宜于特定人群食用，具有调节机体功能，不以治疗疾病为目的，并且对人体不产生任何急性、亚急性或者慢性危害的食品。目前，已核准的保健食品的保健功能有增强免疫力、抗氧化、辅助改善记忆、缓解体力疲劳、减肥、改善生长发育、提高缺氧耐受力、辅助降血脂、辅助降血糖、改善睡眠、改善营养性贫血、促进泌乳、缓解视疲劳、辅助降血压、促进消化、通便、补充营养素等二十多种。与一般食品不具有特定功能，无特定适用人群不同，保健食品具有调节人体机能等特定功能，适用于特定人群。

我国早在1995年通过的食品卫生法中就对表明具有特定保健功能的食品的管理制度和原则要求作了专门规定。近年来，我国保健食品产业增长十分迅速，但仍存在不少问题。一些保健食品企业受利益驱使，进行虚假、夸大宣传，有的甚至宣称或暗示具有治疗疾病的作用；有些企业不按批准的产品配方组织生产，为追求短期效果，违法添加违禁药品。

在国务院提请全国人大常委会审议的《食品安全法》（草案）中，并没有对保健食品作专门规定。在全国人大常委会审议过程中，有些常委会组成人员提出，目前保健食品存在很多问题，将保健食品作为一般食品管理是不够的，应作出专门规定，实施有针对性的更加严格的监管，这才有了上述的法律条文。

（1）国家对保健食品实行严格监管。为规范保健食品的生产经营活动，保证保健食品安全，保障消费者合法权益，本法确立了对保健食品实行严格监管的原则，并规定保健食品的具体管理办法由国务院规定。有关监督管理部门应当依照本法和国务院的规定，对保健食品实施严格监管，依法履职，承担责任。

（2）保健食品不得对人体产生急性、亚急性或者慢性危害。与药品不同，保健食品最基本的要求是安全，不允许有任何毒副作用，不得对人体产生任何健康危害。保健食品所使用的原料和辅料应当对人体健康安全无害，符合国家标准和安全要求。国家规定不可用于保健食品的原料和辅料、禁止使用的物品等不得作为保健食品的原料和辅料。

（3）保健食品的标签、说明书不得涉及疾病预防、治疗功能。疾病预防、治疗功能是药品才具备的功能。对此，药品管理法实施条例规定，非药品不得在其标签、说明书上进行含有预防、治疗人体疾病等有关内容的宣传。因此，保健食品不得用“治疗”、“治愈”、“疗效”、“痊愈”、“医治”等词汇描述和介绍产品的保健作用，也不得以图形、符号或其他形式暗示疾病预防、治疗功能。

（4）保健食品的标签、说明书内容必须真实。标签、说明书标示的产品名称、主要原（辅）料、功效成分或者标志性成分及含量、保健功能、适宜人群、不适宜人群、食用量与食用方法、规格、保质期、贮藏方法、批准文号和注意事项等内容应当与产品的真实状况相符，并与批准文书中的内容相一致。不得以虚假、夸张或欺骗性的文字、图形、符号描述或暗示保健功能。保健食品名称不得使用产品中非主要功效成分或者标志性成分的名称。

（5）保健食品的标签、说明书应当载明适宜人群、不适宜人群、功效成分或者标志性成分及其含量等。保健食品的适宜人群和不适宜人群是指为保证食用安全，根据保健功能的不同而在保健食品的标签、说明书中载明的适宜食用和不适宜食用该保健食品的人群。例如，抗氧化类保健食品的适宜人群是中老年人，不适宜人群是少年儿童。适宜人群的分类与表示应明确，当保健食品不适宜于某类人群时，应在“适宜人群”之后，标示不适宜食用的人群，其字体应略大于“适宜人群”的内容。

保健食品的功效成分或者标志性成分是指保健食品中发挥特定保健作用的有效成分，包括功能性蛋白质、多肽和氨基酸，膳食纤维、低聚糖、活性多糖等功能性碳水化合物，功能性脂类，维生素，矿物质元素，乳酸菌类、双歧杆菌等微生态调节剂，酚类化合物、有机硫化合物、食物天然色素等功能性植物化学物质等。保健食品的功效成分或者标志性成分直接关系到保健食品是否能够发挥相应的保健功能。因此，保健食品的功效成分或者标志性成分及其含量必须在标签、说明书中载明。

（6）保健食品的功能和成分必须与标签、说明书相一致。保健食品的功能和成分的真实情况与保健食品标签、说明书所载明的内容应当保持一致。生产者如果故意在保健食品的标签、说明书上标注虚假信息，则构成欺诈，应依法承担相应法律责任。保健食品功能和成分的真实情况与保健食品标签、说明书所载明的内容不一致的，不得上市销售。

3. 笔者简评

保健食品在本质上仍是食品。保健食品的生产经营除应当遵守本条规定的要求以外，还应当遵守本法对食品规定的一般性要求。

该规定的都规定了，该写成书面文字的也写了。但近年来的实际情况却不尽如人意。

4. 最新信息

最新的信息是：2012 年 6 月 4 日，国家食品药品监管局再次公布了《保健食品功能范围调整方案（征求意见稿）》。方案拟取消改善生长发育、对辐射危害有辅助保护、辅助降血压、改善皮肤油份 4 项保健功能。

国家食品药品监管局数据库显示，关于生长发育、降血压和抗辐射的保健食品多达 300 多种，其中抗辐射方面的保健食品近 150 多种。《方案》将这四项功能取消，至少有近 500 种产品受到影响。据了解，从 1996 年到现在，政府批准的保健品约 11000 个。一位不愿意透露姓名的业内人士分析，《方案》出台之后，保健食品行业将在一定程度上提高准入门槛，或导致一批小型的保健食品企业淘汰出局。他表示，减少、合并 9 项保健食品功能后，可能有近万种各厂家生产的保健食品，因为“不合新规”而将遭遇强制退市。

（七）关于组织、个人在虚假广告中推荐食品与食品产经营者承担连带责任的规定

1. 法律规定

《食品安全法》第五十五条规定：“社会团体或者其他组织、个人在虚假广告中向消费者推荐食品，使消费者的合法权益受到损害的，与食品生产经营者承担连带责任。”

2. 对该条款的理解

本条是关于组织、个人在虚假广告中推荐食品与食品产经营者承担连带责任的规定。

在《食品安全法》（草案）审议过程中，名人代言食品广告，欺骗、误导消费者的现象，引起了全国人大常委会组成人员的高度关注。许多常委会组成人员建议食品安全法对食品广告进行严格规范，防止食品广告欺骗、误导消费者，保护消费者的合法权益。为此，本法在《广告法》、《产品质量法》等法律、法规的基础上，进一步规定，社会团体或者其他组织、个人在虚假广告中向消费者推荐食品，使消费者的合法权益受到损害的，都要与食品生产经营者承担连带责任。

（1）承担责任的主体包括社会团体或者其他组织、个人，突出了“个人”的概念。1994 年制定的广告法只规定了广告主、广告经营者、广告发布者以及在广告中推荐商品或者服务的社会团体、其他组织的法律责任，没有规定在广告中推荐商品或者服务的个人的法律责任。近几年发生的一些名人代言虚假广告的案件已经证明，名人代言的虚假广告，其误导性和欺骗性更大。名人因代言获得了高额经济利益，如果不承担相应责任，将违背权责统一的法律原则。为此，本法扩大了广告法规定的责任主体范围，规定社会团体或者其他组织、个人在虚假广告中向消费者推荐食品，使消费者的合法权益受到损害的，都要与食品生产经营者承担连带责任。“个人”主要是指名人，当然也包括普通人。

根据本法第五十四条第二款的规定，食品安全监督管理部门或者承担食品检验职责的机构、食品行业协会、消费者协会不得以广告或者其他形式向消费者推荐食品。如果在虚假广告中违法推荐食品，使消费者的合法权益受到损害，也应当与食品生产经营者承担连带责任。

（2）承担民事责任的方式是连带责任。连带责任是指根据法律规定或者当事人的约定，债权人有权请求数个债务人中的任何一人履行全部债务的一种民事责任承担方式。民法通则规定，债务人一方人数为两个以上的，依照法律规定或当事人约定，负有连带义务的每个债务人，都负有清偿全部债务的义务，履行了义务的人，有权要求其他负有连带义务的人偿付他应当承担的份额。连带责任更能保护权利主体的合法权益。

社会团体或者其他组织、个人在虚假广告中向消费者推荐食品，使消费者的合法权益受到损害的，应当与食品生产经营者承担连带责任。据此，消费者可以要求推荐食品的社会团体或者其他组织、个人承担全部或者部分民事责任，也可要求食品生产经营者承担全部或者部分民事责任。推荐食品的社会团体或者其他组织、个人与食品生产经营者之间的责任分配，依照法律或者约定确定。推荐食品的社会团体或者其他组织、个人不得以承担的责任超出与食品生产经营者约定的份额而拒绝消费者要求其承担全部责任的主张。

比如，食品的形象代言人出场费只有 200 万元，但是现在消费者的合法权益受到损害，消费者要求赔偿 400 万元。如果消费者的诉讼请求成立，形象代言人就不能以只收取 200 万元出场费，而拒绝支付 400 万元赔偿费。当然他可以在赔偿消费者以后，就超出出场费 200 万元的部分向食品生产经营者追偿，这是可以的。推荐食品的社会团体或者其他组织、个人承担的责任超过应当承担的份额的，可以就超额的部分向食品生产经营者追偿。

第二章 《中华人民共和国食品安全法实施条例》解读

一、《中华人民共和国食品安全法实施条例》概述

《中华人民共和国食品安全法实施条例》（以下简称条例）作为行政法规，于2009年7月8日国务院第73次常务会议通过，自公布之日——二〇〇九年七月二十日起施行。全文共64个法条。

二、制定这个条例的总体思路主要有三点

（一）进一步落实企业作为食品安全第一责任人的责任，强化事先预防和生产经营过程控制，以及食品发生安全事故后的可追溯

具体体现在《条例》总则的第三条，第四章食品生产经营第二十条到第三十三条，第六章食品进出口第三十六条、第三十七条、第三十九条、第四十条，第七章食品安全事故处置的第四十三条到第四十六条这二十三个法条中。特别需要强调的是第二十四条、第二十八条、第二十九条这三个条款，进一步落实了食品生产经营企业的食品安全管理责任。

第二十四条规定："食品生产经营企业应当依照食品安全法第三

十六条第二款、第三十七条第一款、第三十九条第二款的规定建立进货查验记录制度、食品出厂检验记录制度，如实记录法律规定记录的事项，或者保留载有相关信息的进货或者销售票据。记录、票据的保存期限不得少于2年。”

第二十八条规定：“食品生产企业除依照食品安全法第三十六条、第三十七条规定进行进货查验记录和食品出厂检验记录外，还应当如实记录食品生产过程的安全管理情况。记录的保存期限不得少于2年。”

第二十九条规定：“从事食品批发业务的经营企业销售食品，应当如实记录批发食品的名称、规格、数量、生产批号、保质期、购货者名称及联系方式、销售日期等内容，或者保留载有相关信息的销售票据。记录、票据的保存期限不得少于2年。”

（二）进一步强化各部门在食品安全监管方面的职责，完善监管部门在分工负责与统一协调相结合体制中的相互协调、衔接与配合

具体体现在第八章监督管理第四十七条到第五十四条之中。《条例》强化了地方政府完善食品安全监管工作协调配合机制的责任，明确规定：县级人民政府应当统一组织、协调本级卫生局、农业局、质检局、工商局、食品药品监管局，依法对本行政区域内的食品生产经营者进行监督管理；对发生食品安全事故风险较高的食品生产经营者，应当重点加强监督管理。

《条例》同时强化了各部门在食品安全监管工作中的协调与配合。规定：卫生部应当向质检总局等部门通报食品安全风险监测数据和分析结果；省级以上卫生、农业部门应当相互通报食品安全风险监测和食用农产品质量安全风险监测的相关信息，卫生部和农业部应当相互通报食品安全风险评估结果和食用农产品质量安全风险评估结果等相关信息；参与事故调查的部门应当在卫生部门的统一组织协调下分工协作、相互配合，提高事故调查处理的工作效率。

（三）将食品安全法一些较为原则的规定具体化，增强制度的可操作性，但对食品安全法已经作出具体规定的内容，一般不再重复规定

1. 条例细化了食品复检制度

《条例》规定申请人依照食品安全法第六十条第三款规定向承担复检工作的食品检验机构（以下称复检机构）申请复检，应当说明理由。复检机构名录由国家认证认可监督管理委员会、卫生部、农业部等部门共同公布。复检机构出具的复检结论为最终检验结论。复检机构由复检申请人自行选择。复检机构与初检机构不得为同一机构。

条例同时规定食品生产经营者对依照食品安全法第六十条规定进行的抽样检验结论有异议申请复检，复检结论表明食品合格的，复检费用由抽样检验的部门承担；复检结论表明食品不合格的，复检费用由食品生产经营者承担。

2. 进一步明确了“病毒性肝炎”的范围，对食品安全法第三十四条第一款的规定作了进一步说明

《条例》规定食品生产经营者应当依照食品安全法第三十四条的规定建立并执行从业人员健康检查制度和健康档案制度。从事接触直接入口食品工作的人员患有痢疾、伤寒、甲型病毒性肝炎、戊型病毒性肝炎等消化道传染病，以及患有活动性肺结核、化脓性或者渗出性皮肤病等有碍食品安全的疾病的，食品生产经营者应当将其调整到其他不影响食品安全的工作岗位。食品生产经营人员依照食品安全法第三十四条第二款规定进行健康检查，其检查项目等事项应当符合所在地省、自治区、直辖市的规定。

三、小结

以上就《食品安全法实施条例》的出台情况、制定这个条例的

总体思路做了解读，目的是让大家能够了解，《条例》进一步落实了食品生产经营企业的食品安全管理责任，强化了地方政府完善食品安全监管工作协调配合机制的责任，对食品安全法一些较为原则的规定进行了具体化，增强了这些法律条款的可操作性。

《食品安全法》及其《食品安全法实施条例》的出台，使得我国的食品安全管理框架体制更加完善。

第三章 为贯彻《中华人民共和国食品安全法》及其《中华人民共和国食品安全法实施条例》而出台的规章和地方性规定

一、梳理为贯彻《食品安全法》所出台的397项部门规章

《食品安全法》2009年2月28日出台以后，为了贯彻执行这部法律，从2009年3月开始，到2012年3月，国家相关部委共出台了397项部门规章，分别从不同的角度对食品安全管理的方方面面做出了详细的规定，其中对食品安全管理起决定性作用的部门规章有：

卫生部的《食品流通许可证管理办法》、《餐饮服务食品安全监督管理办法》、《餐饮服务许可管理办法》、《食品安全国家标准管理办法》、《食品添加剂新品种管理办法》。

质检总局的《食品生产许可管理办法》、《食品标识管理规定》、《食品添加剂生产监督管理规定》、《食品检验机构资质认定管理办法》、《产品质量监督抽查管理办法》。

工商总局的《流通环节食品安全监督管理办法》。

二、梳理为贯彻《食品安全法》所出台的1806项地方性规定

为了贯彻执行《食品安全法》，从2009年4月开始，到2012年3月，地方人大、地方各级人民政府共计出台了1806项地方性规定，例如：

安徽省人民政府出台的《安徽省生猪屠宰管理办法》；重庆市政府出台的《重庆市食品安全管理办法》；内蒙古自治区包头市人大常委会通过，内蒙古自治区人大常委会批准出台的《包头市废弃食用油脂管理条例》；黑龙江省哈尔滨市人民政府出台的《哈尔滨市畜禽产品药物残留监督办法》。

四川省人民政府关于设立四川省食品安全委员会的通知，根据该通知，省人民政府设立四川省食品安全委员会，作为省政府食品安全工作的高层次议事协调机构，由省委常委、常务副省长任该委员会的主任。

河北省邢台市人民政府发布的关于成立邢台市食品安全委员会的通知，根据该通知，市政府成立邢台市食品安全委员会，由市政府市长任该委员会的主任。

地方人大、地方各级人民政府从各自的层面做出了相关的规定来对食品的安全进行管理，从而贯彻执行《食品安全法》。

三、梳理为贯彻《食品安全法实施条例》而出台的71项国家部委的部门规章

2009年7月8日，《食品安全法实施条例》由国务院第73次常务会议通过并公布，为了贯彻执行这部行政法规，从2009年8月开始，到2012年3月底，国家部委共出台71项部门规章，其中包括：

卫生部出台了9项部门规章；

国家食品药品监管局出台了 16 项部门规章；

国家工商总局出台了 8 项部门规章；

国家质检总局出台了 7 项部门规章；

商务部出台了 3 项部门规章；

农业部出台了 3 项部门规章；

工业和信息化部出台了 1 项部门规章；

国家粮食局出台了 2 项部门规章；

卫生部、工商总局、质检总局、食品药品监管局联合出台了 1 项部门规章；

国家食品药品监督管理局、国家旅游局联合出台了 1 项部门规章；

卫生部、环境保护部、住房城乡建设部、工商总局联合出台了 1 项部门规章；

国家质检总局、工业和信息化部、卫生部等联合出台了 1 项部门规章；

卫生部、工业和信息化部、工商总局等联合出台了 1 项部门规章；

其他部门单独出台或联合出台了 17 项规章。

四、梳理为贯彻《食品安全法实施条例》而出台的 274 项地方性规定

《食品安全法实施条例》出台以后，为了贯彻执行这个法规，从 2009 年 9 月开始，到 2012 年 3 月，地方各级人大、政府共出台了 274 项食品安全管理方面的法规、办法、细则，其中：

福建以省级人大常委会的名义公布的地方法规 1 项；

河南省、重庆市以省级政府的名义公布的地方政府规章 2 项；

其他均为地方各级政府及省级政府所属部门公布的食品安全管

理方面的细则。

五、笔者简评

《食品安全法》及其实施条例出台以后，从中央到地方，出台了这么多的规范性文件，但究竟落实了多少，没有人知道。限于本书篇幅，笔者对这些部门规章、地方政府规章、地方性规定仅做一个梳理，不再细说。

第四章 我国食品安全的现状及思考

笔者和大家分享几个案例，通过这几个案例的详细分析，我们能看到我国食品安全的现状和面临的许多问题，有一些问题是非常值得我们去思考的。

一、对毒奶粉事件的思考

（一）毒奶粉事件回顾

2008年“毒奶粉”事件是一场前所未有的风暴，从某种意义上说，是中国的一个灾难年。

2008年9月22日，64岁的国家质检总局局长李长江因“毒奶粉”事件引咎辞职。这是“毒奶粉”事件曝光后第一位被问责的部级官员。这一天，距离9月9日当时媒体首次报道“甘肃14名婴儿因食用三鹿奶粉同患肾结石”时隔13天。

短短两周内，“毒奶粉”事件迅速蔓延全国，波及世界。随着真相不断被揭露，事态之严重、进展之迅速、问题之复杂，超出所有人的想象。截至9月21日上午8时，全国因食用含三聚氰胺的奶粉导致住院的婴幼儿1万余人，官方确认4例患儿死亡。卫生部称，经流行病学调查，这些婴幼儿基本上与食用三鹿牌奶粉有关。

事实上，问题并不局限于三鹿一家企业。9 月 16 日，国家质检总局通报了全国婴幼儿奶粉三聚氰胺含量抽检结果，被抽检的百余家奶粉企业中，有 22 家企业 69 批次产品均检出含量不同的三聚氰胺，伊利、蒙牛、雅士利、圣元、南山等国内知名企业均未幸免。问题也不仅限于奶粉。根据国家质检总局公布的全国液态奶三聚氰胺专项检查结果，蒙牛、伊利、光明三大品牌的部分批次产品中均检出三聚氰胺。

中国香港的食品安全中心，则相继在内地相关企业生产的雪糕、奶糖、蛋糕中检测出三聚氰胺；新加坡农业粮食与兽医局，亦从中国上海进口的“大白兔”奶糖中检测出三聚氰胺。

准确地说，三聚氰胺也不是首次为祸社会。2007 年，中国大陆出口的宠物饲料被检测出含有三聚氰胺，导致相关进口国的猫狗等死亡，一度在海外引发风波。遗憾的是，相关政府部门“亡羊”却未“补牢”，未对三聚氰胺严加控制，致使一年后中国的婴幼儿受到了三聚氰胺的残害。一时之间人人自危，国产奶制品无人问津，世界各地纷纷出台措施，严查中国大陆出口的所有奶产品。中国奶制品行业面临全面危机。

回顾中国的食品安全，近年来揭露出的大事迭出。2003 年“海城豆奶事件”、2004 年阜阳“大头奶粉事件”、2005 年“苏丹红事件”、2006 年“瘦肉精事件”，俱令世人震惊。每一次事件发生后都会有责任追究，也会有教训总结，中国食品药品监督管理局原局长郑筱萸，于 2007 年 7 月因受贿罪、玩忽职守罪被法院执行死刑，就能说明一些问题。然而，“运动式”的打击、贪官的覆灭，并没有堵住食品的安全漏洞。直至此次“毒奶粉”事件以更为悲剧性的面目呈现，沉重地打击着人们对于中国食品安全的信心。

可以看到，中国政府在此次“毒奶粉”事件中，采取了前所未有的严厉手段，处理方式也较以前公开透明。中国质检总局局长李长江下台，时任石家庄市委书记吴显国、石家庄市市长冀纯堂、副市长张发旺在内的诸多河北地方官员，以及时任河北三鹿集团公司董事长田文华等大小一干人士亦被免职；因三鹿集团涉嫌生产、销售有毒、有害食品罪，田文华作为直接责任人被刑拘。各地警方也迅速抓捕了数十名涉嫌非法销售、添加三聚氰胺的犯罪嫌疑人。与此同步，国务院于2008年9月18日决定废止施行了八年多的食品质量免检制度。历史经验已经一再证明，雷霆万钧的行政手段，至多威慑于一时，并不能收效于久远；中国食品安全监管制度，已经到了一个不得不重新审视和重建的时刻。

（二）毒奶粉事件发生的原因分析

三鹿奶粉事件是一出没有任何赢家的悲剧。现在我们不妨回过头来分析一下毒奶粉事件发生的原因：

1. 企业盲目扩张、行业内的恶性竞争留下隐患。三鹿从1993年起，先后选择河北唐山市第二乳品厂、承德华宁乳业公司、石家庄市红旗乳品厂等十几家公司进行联营。所谓联营，实质上主要就是三鹿向上述资不抵债或接近资不抵债的地方国有企业注入品牌，实现控股或参股。据知情人士介绍，联营真正投入的现金很少。

此类联营除三鹿集团有低成本扩张需要，很多也源于三鹿与各级政府关系良好。这种联营在三鹿内部被形象地称为“牌子和奶源”的结合，三鹿有牌子没产量，没奶源；地方小乳品厂有产量，有奶源，但没牌子。这种低成本、粗放式联营为三鹿带来了数年的繁华，也给未来留下隐患。

尽管外界对三鹿式扩张有种种质疑，但三鹿集团靠着此类扩张，在2001年前，将河北省大多数市县的乡村变成了自己的奶源地。在2003年前相当长的时间里，三鹿一直是河北省唯一的乳业巨头。全省的奶牛养殖业几乎围绕三鹿乳业的扩张而展开。

2005年前后，随着新兴乳企如伊利、蒙牛等强势崛起，河北省奶源争夺出现白热化，奶源由买方市场进入卖方市场，奶站与乳企话事权易位。在实际运作中，三鹿等乳企事实上再也无法像过去一样严格监管奶站，这是巨祸最终酿成的部分原因。

2. 奶站失去监管，完全失控，是悲剧发生的主要原因。最早在2005年4月，就有奶站在向三鹿集团供应的奶源中添加三聚氰胺。河北省公安厅公布的奶站添加三聚氰胺的许多细节表明，多名被抓获的奶站经营者交待，奶站大多是在向三鹿集团供货之前，将三聚氰胺用水稀释溶解，然后倒入原奶中；添加多少，视奶质不同情况以及三鹿集团检测指标而定，也没有固定配方。由警方调查可知，在养牛大省河北民间，向奶站贩卖三聚氰胺甚至已形成网络。那些年奶站往鲜奶里添加东西是公开的秘密，只是那些人直到案发后才知道添加的这种白色粉末叫三聚氰胺。

3. 企业放弃严格监管，导致恶性事件发生，罪不可恕。事件曝光后，三鹿集团最初的表态，完全把责任推给原奶收购环节。但据记者的采访调查，即使奶站掺假千真万确且罪无可赦，也不意味着三鹿只是一个简单的受害者。不少奶农和业内人士表示不能相信，三鹿集团在三年多的时间里，对原奶在收购环节被掺有三聚氰胺毫不知情。有奶农表示，三鹿集团奶源部有几百人，全体员工数千人，他们中间许多人老家就在农村，到村里走一走就能听到风声。

在三鹿集团的相关宣传资料中，奶源基地被称为企业的“第一车间”。对牛奶奶源质量，三鹿原本有一套非常严苛的标准，在2005年前基本能严格执行。但事实表明，这个“第一车间”近年来完全失控。

三鹿内部人士认为，在标准过于严格就收不到奶的情况下，三鹿放低标准也是无奈之举。但业内人士认为，在“奶源大战”格局中，三鹿降低了鲜奶收购标准，并对牛奶掺杂造假不予追究，等于是放纵奶站掺假。无奈显然不是放弃标准的理由，也不能用来为由此造成的灾难性后果开脱。

4. 企业的危机公关使恶性事件不断升级。2004年安徽阜阳“大头奶粉”事发不久，有关媒体公布阜阳市45家不合格奶粉企业和伪劣奶粉“黑名单”中，三鹿奶粉赫然在列。但此后，三鹿集团火速展开危机公关，多方斡旋。不久，国家质检总局公布的对婴儿奶粉产品质量专项抽查结果中，三鹿集团又被列于国内30家具有健全的企业质量保证体系的奶粉生产企业名单的首位。时隔4年，面对多位肾结石婴儿家属和医生提出的质疑，三鹿集团一开始仍然试图再做一次危机公关。然而，历史已经不可能重演。

国务院调查组公布的信息显示，2007年12月三鹿集团即接到患儿家属投诉。三鹿集团内部人士向媒体承认，集团质量部门真正行动起来调查奶粉质量的时间，是在2008年3月，后又说他们查出三聚氰胺的时间与国务院调查组公布结果一致，均为2008年6月。三鹿集团从2007年12月起，在长达8个月的时间内未向政府报告，直至8月2日才上报石家庄市政府。此时恶性事件覆盖的范围已经波及全国。

5. 地方政府的包庇纵容、相关主管部门的失职，助长了恶性事件的发生。早在2008年9月12日，石家庄市政府即宣布，三鹿集团所生产的婴幼儿“问题奶粉”，是不法分子在原奶收购过程中添加了三聚氰胺所致，试图为三鹿集团开脱罪责。

9月22日，国务院调查组最终认定：8月2日至9月8日长达38天中，石家庄市委、市政府未就三鹿牌奶粉问题向河北省委、省政府做过任何报告，也未向国务院和国务院有关部门报告，违反了有关重大食品安全事故报告的规定。

从2007年12月起到2008年9月8日，共计长达270余天的瞒报中，含有三聚氰胺的奶粉继续被婴幼儿食用，所产生的肾结石病患由于医院无法及时确定病因，病情逐日加重，最终造成至少4名患儿死亡。

“肾结石婴儿”增多最早在不少地方均有发现，但除甘肃省外，均未向主管部门上报，亦未与有关部门横向沟通。由于有关奶粉是否是致病原因的检验结果一直未能得出，自2008年7月甘肃最初上报病情至9月9日新西兰使馆通知中国外交部三鹿奶粉含致病三聚氰胺，在这段时间里，卫生部没有意识到事情有这么大，因此既没有将对奶粉的怀疑通知质检总局、工商总局等部门，也没有将此事正式向国务院报告。而甘肃当地卫生部门亦未曾就此通知质检机构。

6. 在此次事件中，相关规定的缺陷，使得相关主管部门束手无策，也是原因之一。根据相关规定，无论是食源性疾病、传染病或者突发公共卫生事件，皆有明确的上报制度。例如，《突发公共卫生事件与传染病疫情监测信息报告管理办法》规定，有关单位发现突发公共卫生事件时，应当在二小时内向所在地县级人民政府卫生行政部门报告；接到报告的卫生行政部门应当在二小时内向本级人民政府报告，并同时通过突发公共卫生事件信息报告管理系统向卫生部报告；卫生部对可能造成重大社会影响的突发公共卫生事件，应当立即向国务院报告。

根据规定，卫生部应当及时通报和公布突发公共卫生事件和传染病疫情。但由于对于突发公共事件的标准缺乏明确定义，而食源性疾病又需要证据确认疾病与食物的关联，该证据的取得又需要一定的时间。可见有关上报和协调制度其实漏洞百出，在此次事件中，这不能不说是一个重大的遗憾。

（三）毒奶粉事件的最新进展

关于三鹿毒奶粉事件的最新信息，截止到2010年底，有271869名患儿家长领取了三鹿事件的一次性赔偿金，有关方面称2013年2月底前，患儿家长可随时在当地领取一次性赔偿金。

二、关于乳业新国家标准的争论

（一）乳业“新国标”暴露出的问题

乳业“新国标”于2010年6月1日正式实施。乳业新国标是进步，还是倒退，是个问题；是保护消费者，还是保护奶农，是个问题；是受制于现实，还是鼓励先进，也是个问题。细菌含量超出国外数十倍的原奶，用还是不用？蛋白质含量远低正常标准的原奶，用还是不用？炎症缠身的病体奶牛挤出的原奶，用还是不用？这些问题在乳业“新国标”出台后至今一直争论不休。

乳业新国标怎么了？官方语境中的共识之下，究竟掩盖着什么样的秘密和争议？有专家称这个标准一夜之间退回到了25年前。现在的中国原奶质量，可以说是全世界最低了。为什么呢？问题就出在了乳业新国标的分支“生乳安全标准”中的蛋白质含量、菌落总数等细分指标的设定上。

三鹿事件中，元凶三聚氰胺正是在生乳环节添加，而添加的最直接动机就是增加蛋白含量，可见这些指标的生死攸关。

一直以来，对于生乳（又称鲜乳，生鲜乳），中国奶业从不乏标准，引用最频繁的当是1986年农业部颁发的收购标准，以及2003年卫生部的鲜乳卫生标准。然而，对照两份旧有的生乳标准，在蛋白含量上却难得一致，均系2.95%（即100克生乳含2.95克乳蛋白）。

三鹿垮台后，国务院紧急出台《奶业整顿和振兴规划纲要》，在反思中尤为提及“对生鲜乳及乳制品（以下统称乳品）质量监管存在严重缺失，标准体系不完善”，之前，2007年，国务院在关于促进奶业持续健康发展的意见中，更是明确要求“把提高原奶质量放在突出重要的位置，努力提高原料奶的乳脂率和乳蛋白含量，降低菌落总数”。

前有国家指导思想，后经三鹿事件血的教训，太多人坚信，新国标必将更趋严格生乳细分指标，以构筑乳业的第一道安全之门。

然而，2010年4月，等到千呼万唤的新国标正式颁布，年近八旬的原国家乳制品订标组副组长曾寿瀛，难抑惊诧，“这简直是一夜退回25年前。”

（二）乳业新旧国标对比

若单纯从数值上看，甚至连25年前都不如了，乳蛋白含量从1986年的2.95%，降到了2.8%，菌落总数则从2003年的每毫升50万下调至200万，均为历史新低。在丹麦，在新西兰，在几乎所有的乳业大国，生乳蛋白质含量标准都至少在3.0以上，而菌落总数，美国、欧盟是10万，丹麦是3万，更是严至中国的数十倍（见表4－1）。“世界上哪一个国家的标准放低至此？二十多年来一直沿用的历史经验，为什么骤然被推翻？”难怪曾寿瀛老先生感慨，“现在的中国原奶质量，可以说是全世界最低了。”

表4－1 乳业新旧国标对比

项目	年份	指标	修改年份	指标	备注
乳蛋白	1986年	2.95%（100克生乳含2.95克乳蛋白）	2010年4月	2.8%	3.0%以上（丹麦、新西兰）
菌落总数	2003年	每毫升50万	2010年4月	每毫升200万	美国、欧盟是每毫升10万，丹麦是每毫升3万
体细胞标准				无	

此外，一度呼声颇高的体细胞标准，也未出现在终稿中。体细胞，是反映奶牛健康状况的重要指标，国际上早已通行，不设此标准，新国标开宗明义的生乳应来自“健康乳畜”的定义几乎是一纸空文。

（三）支持“新国标”的观点

新国标出台让曾寿瀛这位老专家颇为惶惑，他曾参加专家起草组会议，他认为：“在蛋白质含量等标准上，专家组已达成共识2.95%，何以最终形势逆转？”

最终拍板是在专家送审稿的审定会议上，农业部和奶协，力挺2.8%的方案，这一意见最终被卫生部和国家标准委员会采纳。当时农业部门的人指出，在内蒙古、黑龙江等北方地区，许多散户奶源蛋白含量连2.8%尚难达到，何谈2.95%？

“没有哪个企业敢说它没有收过2.95%以下的牛奶，与其桌面下偷偷摸摸做，不如把事情拿到桌面上解决。2.8%就是立足国情实事求是。”农业部奶办负责人回应媒体时这样说。

“急于比照欧盟或发达国家的标准，中国的乳业才要垮了。”这个立足国情的论调，得到了主持新国标制定的专家起草组组长、国家疾控中心营养与食品安全所副所长王竹天的认同。他接受媒体采访时表示，蛋白质含量降低、菌落数放宽，是兼顾行业现实，保障散户奶农的利益，而体细胞未被纳入则还考虑到，一旦增设，整个行业将要增加巨额设备添置和检测成本，且监管体系也未做好准备，“步子不能走得太前”。王教授还直言，“急于比照欧盟或发达国家的标准，中国的乳业才要跨了。”

支持“立足国情”者认为，过去标准中的2.95%均非强制性，从没有被严格遵守过，所谓“退”，无从谈起。

而以黑龙江、辽宁、内蒙古为代表的北方奶源大省的奶协，更是立场坚决，甚至私下联合纵横，他们调研发现超过40%的奶户原奶质量不能稳定在2.95%之上。

从1986年的旧生乳国标颁布至今，中国奶牛的养殖水平仍在低水平徘徊，生乳质量也没有顺时改善，反而频露混乱之象。“这就是必须正视的无情的现实。”王竹天说。

甚至有支持专家认为，三聚氰胺事件之所以爆发，正是因为过去的生乳标准强调蛋白含量的要求太高了，部分散户奶农达不到要求，才不惜铤而走险。

这就是农业部门从生乳蛋白质含量2.95%降到生乳蛋白质含量2.8%的用心所在，作为强制性新国标，如果标准定高，要不增添散户奶农造假的几率，要不万一出现企业拒收，奶农倒奶，则事关三农稳定的大局了。

（四）反对“新国标”的观点

是保护奶农利益，还是保护消费者利益，成了难以取舍的选择题。三聚氰胺风波之后，基于奶源环节暴露出的漏洞，奶牛养殖规范化和规模化的呼声日益高涨。上海奶协的副秘书长曹明是就曾高呼，中国乳业的根本出路在于终结落后的生产方式——散户养殖。现在，“尊重这样的现实，究竟在鼓励先进，还是保护落后?”

反对者则认为：“奶牛正常养殖，生乳完全可以达到2.95%，反之，必是养殖不科学，现在标准低了，其后果就是再不科学也可以达标，中国奶源质量何时才能真正提高?”（四川一位企业高管如此直言）。中国乳制品工业协会一位专家一言以蔽之，新国标将“食品安全问题和民生问题混为一谈了”，从而可能坐失行业自新的机遇。

实际上，新国标的制定从始至终，一直被人指责受企业干扰。最具代表性的细节是，新国标起初吸纳了蒙牛、伊利等大企业参与，这本是国标制定的惯例，但后来引发指责，最终的折中结果是，新国标有史以来第一次没了起草人和起草单位的栏目。

专家起草组组长王竹天，尽管也承认新国标是“各方利益协调后的产物”，但断然否认存在国标为大企业左右的情况。而作为最初生乳标准的起草单位的另一家企业则未接受采访，其参与起草工作的代表只是强调：“争论这么久，难得新国标有了共识，不要再起波澜了。”

叫屈者解释，若论实际影响，放宽生乳标准，只会使奶企在奶源收购上损失对奶农的话语权，且增加低标准原料的加工成本，企业怎么可能会自乱阵脚?

而质疑者坚定认为，降低标准，客观上特大企业是受益的，可以借此扩大收购半径，缓解原料匮乏压力，“至于增加加工环节成本的弊，远小于扩大奶源带来的利。”

（五）笔者简评

对于不明就里的消费者来说，这样的互相指责、揣度越发增加了对食品安全的忧虑。未及整肃中国乳业乱象，新国标自己已陷入乱麻之中。

被寄予构筑质量安全之门第一步的乳业新国标，才刚刚落地，就已在风中飘摇。

三、盘点2012年发生的19个恶性食品安全事件

2008年“三聚氰胺”事件后，我国对食品安全加大了监管力度，并于2009年出台了《食品安全法》，与该法配套的相关细则也相继出台。前面笔者已经做了详细的解释。然而，三年多来，食品安全事故仍频频出现，这除了企业主体责任薄弱，企业诚信缺失外，监管方管理滞后也有非常大的不可推卸的责任。“瘦肉精”事件尘埃未落，“染色馒头”、“回炉面包”、“牛肉膏”又接踵而来，食品安全恶性事件频频出现，食品安全问题一波未平一波又起。下面笔者就筛选的2012年发生的食品安全事件做一个简短的介绍，出问题的好多是大企业大品牌。

（一）满记甜品细菌超标事件

2012年1月11日，北京市食品安全办公示了14种不合格食品黑名单。其中，香港知名连锁甜品品牌“满记甜品”的一款芒果布丁，菌落总数实测值是标准值的13倍，大肠菌群数值也超标3倍多。消息发出后，在市场中引起轩然大波。1月12日，满记甜品官方微博回应中表示：向广大关心和关注我们的消费者深表歉意。为了对消费者负责，我公司已通知门店停售该产品。

（二）“思念”食品事件

2012年2月5日，有山东济南网友“李小鸦”在微博爆料，称自己于当晚吃思念牌黑芝麻大汤圆时，竟吃到创可贴。该微博立刻引起网友热议，微博转发量突破15000条。之后，生产该汤圆的厂家郑州思念食品公司在微博上公开致歉，并称将调查此事。山东省济南市工商局也表示，已派相关工作人员前往现场调查此事。

时隔一周之后，“李小鸦”在其微博上表示，思念公司的员工给其父亲送来了10包汤圆作为赔偿，而其原本承诺公布的“调查过程和结果”却石沉大海。

据广东省工商局网站4月25日消息，广东省工商局于2011年第四季度对速冻米面制品进行了抽检，发现郑州思念食品有限公司生产的“中华面店西湖棠菜猪肉包”和“猪肉煎饺”过氧化值项目不合格，经企业申请，广州市质量监督检验研究院对上述产品进行了复检，并于2012年4月9日将复检结果报送广东省工商局，复检结果表明样品不合格。

此前，2011年10月20日《东方早报》报道，在北京，思念三鲜水饺被检出含有致病菌——金黄色葡萄球菌。随后，北京、上海超市纷纷下架思念三鲜水饺。

（三）红牛添加剂事件

2012年2月9日，哈尔滨食品药品监督部门负责人在接受当地媒体采访时表示，红牛饮料存在标注成分与国家批文严重不符、执行标准和产品不一致等一系列问题。这一消息顿时引发国内媒体广泛关注，素来以功能饮料著称的“红牛”成了众矢之的。“红牛”陷入了“添加剂门”。

2月15日，国家食品药品监管局发出通报，称红牛饮料是1997年申报批准的保健食品，符合当时的有关规定。但是否符合现在的有关规定，没有下文。

（四）三全馒头保质期内发霉事件

2012 年 2 月 10 日，张家界网友爆料在超市花了 5.8 元买了一袋“三全奶香馒头”，生产日期是 2011 年 12 月 5 日，保质期是 12 个月，外包装很严实，看不到里面的馒头。拆开后发现整盒 12 只馒头都有不同程度的发霉。经过投诉，工商部门现场进行了处理，超市赔了消费者 58 元钱，下架了所有的“三全奶香馒头”。可是该网友 3 月 9 日在张家界的其他超市看到了一模一样的馒头在卖，几包馒头的生产日期都是 2011 年 12 月 5 日。不知道张家界的工商部门怎么解释此事。

（五）央视记者微博爆料：不要吃老酸奶和果冻

一财网 2012 年 4 月 9 日消息，标题——央视记者微博今日爆料：不要吃老酸奶和果冻。央视主持人赵普在微博中称：“来自调查记者短信：不要吃老酸奶（固体形态）和果冻，内幕很可怕。”

老酸奶是青海地区的传统饮食，已有近千年的饮用历史。据了解，普通酸奶是先发酵后灌装；而老酸奶属于凝固型，必须以鲜奶为原料，将半成品分别灌装到预定包装里，密封后实施 72 小时的冷藏发酵，制作时间长，保质期相对较短。

2008 年，青海一公司推出白底蓝花塑料碗包装的老酸奶制品后，迅速获得消费者的普遍认可，此后，国内多家知名奶企都蜂拥而上争相“模仿”，以致出现东北老酸奶、蒙古老酸奶、北京老酸奶等，呈现遍地开花之状。

当前，老酸奶的制作缺乏统一的标准和规范，市场上的大部分产品除了外观形态的相似外，制作的工艺、口感、营养成分等关键内容缺乏统一的标准，以致有的网友怀疑老酸奶只是“普通酸奶添加更多的增稠剂”来忽悠消费者。

媒体人微博网名“落魄书生周筱赟”对此称：所谓老酸奶，就是更加浓稠，其实是大量添加假冒食用明胶。假冒食用明胶，就是用垃圾里面回收的破烂皮革之类做出来的。果冻更是如此。

中国明胶协会理事长王敬忠向记者算了一笔账，1吨正规食用明胶的原材料，价格高达2000—3000元，而一般的皮革下脚料，1吨仅需要100—200元。但是，进入市场后，1吨食用明胶的收购价都在2万—3万元。目前，国内生产食用明胶的小厂家有100多家，然而取得生产许可证的只有20多家。不仅仅是在山东，河北、江浙一带都是这些假冒食用明胶的“根据地”。

看来想整治“老酸奶”也不是一件容易的事情。

（六）吉林修正等9家知名药厂使用铬超标的“毒胶囊”

2012年4月15日，央视《每周质量报告》曝光河北一些企业用皮革废料作原料，用生石灰、工业强酸强碱进行脱色漂白和清洗，随后熬成工业明胶，卖给浙江新昌县药用胶囊生产企业，最终流向药品企业，进入消费者腹中。记者调查发现，9家药厂的13个批次药品所用胶囊重金属铬含量超标（有的竟高达90倍）。

此事的最终处理结果到现在还没有公布。

（七）饮料酒类被曝能用香精色素勾制

中广网北京2012年4月17日消息，据中国之声《新闻纵横》报道，《北京晚报》记者以购买者的身份询问某淘宝网卖家，结果发现，他的网店几乎什么食用香精都卖。基本上所有饮料，都可以用食用香精配合食用色素等勾兑而成，各种白酒、红酒、葡萄酒，也能用香精调制而成。还有玉米香精，不但可以让冷冻的玉米棒子散发出诱人的香味，还能让玉米的保质期变长。

2012年5月15日辽宁卫视“第一时间”栏目播出了一段一分二十六秒的节目，介绍了一个化学老师在课堂上做的一个实验，他用水和多种添加剂合成了各种各样的饮料，令人瞠目结舌。

（八）问题蜜饯——“来伊份”下架

2012年4月24日晚，央视“315”栏目曝光了多家蜜饯生产企业存在制作过程严重违规、部分产品添加剂超标的情况，知名品牌“来伊份”的部分蜜饯产品供应商杭州灵鑫食品有限公司等3家生产企业被曝光。

央视报道称，部分蜜饯生产厂家的生产环境肮脏不堪，工人随意添加添加剂，伪造检测报告，随意更改生产日期，一些蜜饯加工厂的制作过程触目惊心。山东省临沂市的蒙阴县和平邑县一些老板告诉记者，这里加工桃肉的工厂很多，但大都没有厂名和卫生许可证。同时这些晾晒的桃肉都是在路边的水泥池进行腌渍加工。记者在路边看到，一个大水泥池里泡着50万斤左右的桃肉，周围环境肮脏不堪。揭开盖着水泥池的塑料膜，里面浸泡着的桃肉，有很多已经腐烂变质，一些垃圾也夹杂在其中。

在水泥池旁边，还摆放着一些盛放焦亚硫酸钠的白色编织袋。工人说，腌渍桃肉必须用焦亚硫酸钠，它起漂白和防腐的作用。按照国家标准，蜜饯加工时可以限量使用焦亚硫酸钠作为漂白剂，然而在这些加工厂，对于焦亚硫酸钠的使用，却是按地域添加。工人说广东那边喜欢要焦亚硫酸钠大的，杭州那边就喜欢要焦亚硫酸钠小的。腌好的桃肉经过人工去核后，就一堆堆的摆放在露天晾晒。

浙江省杭州市余杭区的塘栖镇有着四百多年的蜜饯生产历史，蜜饯生产厂家近百家。在余杭区的塘栖镇，央视记者看到了更多的蜜饯加工手法。一些企业会建立两个工厂，新厂只负责包装和应付执法机关的检查，而老厂负责生产加工，一般人很难找到他们的老厂。从山东等地运来的半成品原材料，首先要做的就是人工剪碎。在华味亨食品的一间小屋里，一块破木板上也堆满了桃肉，一位大娘抓起桃肉，不管好的烂的，就随即用大剪刀将桃肉剪成条状。为了去除半成品中过高的盐分，接下来要用水浸泡。超升食品厂浸泡山楂的水泥池里，除了山楂，还能看到各种垃圾。这样的生产环境生产出来的产品，在产品外包装上，都赫然印着 QS 的食品安全标志。

（九）立顿红茶等被曝农药超标

2012 年，国际环保组织绿色和平（以下简称“绿色和平”）调查显示，“立顿”的绿茶、茉莉花茶和铁观音袋泡茶，都含有被国家禁止在茶叶上使用的高毒农药。

“绿色和平”于 2011 年 12 月和 2012 年 1 月先后在北京、成都和海口对 9 个茶叶品牌进行了随机抽样调查。这些品牌包括：吴裕泰、张一元、中国茶叶、天福茗茶、日春、八马、峨眉山竹叶青、御茶园以及海南农垦白沙绿茶。“绿色和平”随机购买了价格在 60—1000 元 1 斤的 18 种茶叶，品种涵盖了绿茶、乌龙茶和茉莉花茶等，随后这些样品被送至第三方实验室进行农药残留检测。

检测结果显示，被调查的 9 个品牌的所有茶叶样品上均含有至少 3 种农药残留，检出的农药种类总数高达 29 种。其中 6 个样本含有 10 种以上农药残留，而日春 803 铁观音竟含有多达 17 种农药残留。

此次调查同时发现，天福茗茶的碧螺春、张一元和吴裕泰的茉莉花茶等 11 种茶叶被检出含有农业部明确规定不得在茶叶上使用的农药灭多威，而八马和日春的 4 种铁观音则被检出同样在茶树上被禁用的农药硫丹；同时，在海南农垦的白沙绿茶上，还查出国家早在 2009 年便明文禁止在茶树上使用的农药氰戊菊酯。

灭多威被世界卫生组织（WHO）定义为剧毒农药，研究表明长期食用该农药会破坏人的内分泌系统。而硫丹毒性高且能在人体内累积，低量接触就能产生急慢性的影响。

笔者简评：

2011年6月农业部就提出“力争到十二五末期将全国化学农药使用量减少20%”。2012年1月，农业部又明确提出“今年将大力推进绿色防控，提高蔬菜、水果和茶叶的绿色防控覆盖率”。过去两年来，我国制定的农药残留限量标准就达到2319项。那么还有多少项农药残留限量标准没有制定，可能没有人能回答这个问题。因为随着科学的进步，化学农药的品种将越来越多。

（十）“人造猪耳朵”、“人造鸡蛋”疑用明胶和塑料制成

2012年5月5日，江西赣州针对媒体报道的“人造猪耳朵”一事回应，称目前已将收缴的非法加工的卤猪耳朵送检，结果将及时公布。工商人员初步认定，这种人造猪耳朵使用明胶和塑料制成的可能性较大。

2012年2月7日《广州日报》报道，2月6日，前往雷州采访元宵活动的媒体记者在某大酒店用餐时，遭遇了一回熟蛋黄往地板上用力狠摔也摔不烂，且能“蹦高”40多厘米的“人造鸡蛋”。雷州工商、食品药品监督部门紧急查封了全市48箱“问题鸡蛋”，经查，这些“人造鸡蛋”都是由河北石家庄某总经销商长期供货（该经销商电话中自称已经经营6年）。酒店的一负责人表示，每个鸡蛋的进货价为0.6元，卖出价是1.5元。

经鉴定，人造鸡蛋中主要成分是树脂、淀粉、凝固剂、色素等化学物质，还有少量石膏，蛋黄由色素和树脂制成。黑龙江卫视2012年1月18日曾经播出过1分多钟的节目，中国地质大学的师生用化工原料、有机物、定型剂、色素等材料，2分钟就做成了一个人造鸡蛋，成本0.1元左右。可见，人造鸡蛋各个环节的利润还是非常大的，这也就是为什么有人敢冒这样大的风险去造假、去违法的原因。

人造鸡蛋最早出现在美国。早在1985年1月8日，国内就有资料（饲料广角）报道，美国市场上出现一种人造鸡蛋，其外形同普

通鸡蛋一样。人造鸡蛋含有天然鸡蛋的种种营养成分，却没有胆固醇。蛋里的蛋白质和蛋黄是用玉米油和牛奶、维生素以及矿物盐合成的，蛋壳是用塑料制成的，薄而脆，但比普通鸡蛋的蛋壳结实，这种人造鸡蛋营养齐全，老年人及有心脏病的患者食用都有益处。

1992 年以后，中国的某些不法商家利用了美国的“人造鸡蛋”的概念，用自己特有的方式制成了中国式的人造鸡蛋，1994 年以后，制蛋的方法、原材料基本上就固定下来了。但这两种人造鸡蛋有着本质的区别——美国的人造鸡蛋是保健食品，而中国的人造鸡蛋对人体不但没有好处还有害处。

（十一）山东曝菜贩喷甲醛溶液保鲜白菜

2012 年 5 月 4 日《现代快报》报道，山东有菜农使用甲醛溶液喷洒大白菜保鲜。知情人士称，使用保鲜剂是业内“潜规则”。

记者暗访时，有菜贩称，白菜水分多，外面气温又高，两三天就烂掉了，更何况不少白菜还要销往外地，需要经过长途运输，所以不少人喷洒甲醛进行保鲜。记者在市场上买了一些白菜送到检测机构，有两份白菜样本显示含有甲醛。有市民怀疑山药也使用了甲醛，据了解，山药在春天很难保存，但目前市场上仍有销售，专家也猜测这样的山药使用了含有甲醛的保鲜剂。

山东菜商表示，使用保鲜剂几乎是业内的一个潜规则，有的保鲜剂是生物提炼的，还有的是化学的，甚至有人自己配制甲醛溶液喷洒保鲜。

甲醛的危害：它可以导致粘膜发炎、喉部疼痛、肺部水肿、恶心呕吐等呼吸道疾病，而甲醛超标严重的可以导致女性月经紊乱、妊娠综合症、生育力下降及新生儿染色体异常、白血病以及青少年智力下降。长期接触低剂量甲醛可以导致鼻咽癌、脑癌、结肠癌，高浓度甲醛则会破坏免疫系统、肝脏系统等。

（十二）沈阳查处最大黑豆腐坊，搜出4600斤毒添加剂

2012年5月9日，沈阳从事非法生产豆制品的沈阳市世江豆制品加工厂被查封，该加工厂占地面积达2000平方米，有20多名工人。

知情者透露，自2010年10月开始，为了减少成本，增加利润，查某父女在生产干豆腐、豆腐皮、素鸡等豆制品过程中，非法使用了工业卤水、工业盐、工业滑石粉、工业火碱等有毒有害添加剂。这些添加剂都是严格禁止使用在食品中的。

此次行动中，警方现场缴获的豆制品和加工原料、有毒有害添加剂等装了好几车。其中，干豆腐、豆腐皮、素鸡等豆制品1.5余吨。待加工原料15吨，工业卤块、工业盐、工业滑石粉、工业火碱等有毒有害添加剂2.3吨。

知情者还透露，该厂生产加工出来的豆制品被销往沈阳市各大农贸市场，日销售额高达1.2万元，一个月该厂销售额高达30多万元。而其存在的18个月里，销售额更是高达540多万元。"这可能是到目前为止，沈阳警方所查处的最大一家生产有毒有害豆制品厂家。"

目前，查某父女等6人已被刑事拘留，其他12人被依法取保候审。记者在网上查询发现，这家食品厂曾经在2011年8月因卫生问题被大东区质监局查处过。

（十三）佛山调味公司用致癌工业盐水生产万箱酱油

2012年5月24日《广州日报》报道，广东佛山高明区工商局根据群众举报，查获一起涉嫌使用井矿盐（以下简称工业盐）加工酱油的违法案件。据介绍，生产厂家竟然是一个经营面积约为2万平方米，年产8万多箱酱油、产值约500万元的调味公司。

据现场负责人交代，该公司生产鲜味汁、老抽酱油等十几个品种的酱油。为了节约生产成本，公司在明知工业盐为非食用物质，国家已明令禁止在食品中使用的情况下，仍用工业盐代替食用盐作为酱油原料。

工业盐含有较多的重金属和致病物质，长期食用易发生癌变，而它与食用盐的价格相差 1.5 倍，这种价格差导致了该公司直接使用工业盐。

（十四）黑心肉馅厂拿臭肉死猪当原料贱卖

2012 年 5 月 29 日《深圳特区报》报道，在龙岗、宝安一带，有 1 个绰号为“金刚”的肉贩，长期低价收购死猪、病猪及边角料，1 元钱 1 斤进货，经过冷冻、添料、刨切等“深加工”，臭气熏天的原料摇身变成了色彩光鲜、肉香四溢的肉馅，以三、四元钱 1 斤的价格批发给上百个农贸市场的肉档及个别学校的食堂，进而被包成包子、水饺。

连日来，直通车记者一路明察暗访、守候追踪，摸清了“金刚”的肉馅厂藏匿地及运作规律，联合龙岗执法部门夜间突击行动，当场查扣数千斤来历不明的猪肉及几十袋制作好的肉馅。

据介绍，道上的人都知道“金刚”这个人，他姓陈，河南人，老婆、儿子全在深圳经营猪肉生意。道上有句话，再烂的肉不要扔，只要给“金刚”一个电话，虽然收购价比别人低那么一两毛钱，但他保准照单全收。“金刚”尤其喜欢从私宰肉贩和养猪户中采购病猪死猪，有时也会弄到一些有问题的母猪，托人宰杀后，用改装过的面包车运回加工厂。平均下来 1 斤肉的收购成本不过 1 元钱左右，但是经过冷冻、加除臭剂等添加剂，再用刨肉机刨成肉块，绞肉机绞成肉条，最后以三、四元钱不等的价格批发给市场（这类肉馅市场的零售价翻 1 倍后仍比商家正规肉馅的售价低一些）。“金刚”每天的出货量超过 3000 公斤。如果光靠从市场收购点边角料远远不够，所以他搞了三四辆面包车四处“找肉”。每天下午 4 点到 6 点，

“金刚”家族的人外出采购别人不要的猪肉，运回塘径新村，夜深人静时，再开动机器加工，凌晨4点到5点，是出货高峰期。由于货很抢手，很多客户要提前开车来批发。除了夜间发货外，“金刚”在白天也给一些卖断货的客户送货。执法队员在送货车内及加工厂门口的休息区找到了很多收据、简易记账本。记者粗略翻了一下，看到送货地点涉及龙岗、宝安等地上百家市场及不知名的建筑，还有一些酒楼、工厂食堂，有3所学校及部分原特区内的市场也在送货名单之列。该案目前由市场监管所暂以涉嫌超范围经营立案调查。

（十五）福建古田查获35吨致癌金针菇

2012年6月5日东南网报道，福建古田工商执法人员在福建省宁德市古田县的一个黑窝点里查获35吨用工业柠檬酸泡制的可致癌金针菇，这些金针菇正准备销往福州的一些食品加工厂和罐头厂，老板称自家产的金针菇不敢吃。

用硫磺熏银耳、熏笋干已早有耳闻，而用会致癌的工业柠檬酸泡金针菇，恐怕很少人听说过。

这个黑窝点最开始是被古田县工商局执法人员无意中发现的。一位知情人士告诉记者，5月7日下午，工商执法人员在路过古田县大桥镇横洋村水尾时，发现路旁一栋新建的铁皮房铁门紧锁，四周也被铁皮包紧，里面却传来机器声。执法人员敲开了大门，发现是一间新建的金针菇生产作坊，有数百平方米，生产环境非常简陋，地上漫流着污水，散发出阵阵酸臭味，630多袋成品和60多桶还在浸泡盐水的金针菇，直接堆放在地上。执法人员发现，装满已加工好的金针菇的袋子，都是一些猪饲料袋，拆开其中一袋，发现里面的金针菇闻起来有些发酸，摸着还有点黏。最为惹眼的是作坊正中挖出的一个大池子，池内还有一些散发出阵阵酸臭味的金针菇。

老板交代，他们将金针菇和盐水、柠檬酸一起混合倒在池子中，搅拌后捞起，装入饲料袋，准备卖给福州的一些食品加工企业和罐头厂。执法人员对池子边堆放的柠檬酸添加剂进行检查时，发现有22个标有“柠檬酸”字样的袋子外包装上并未标注适用于食品加工。按照规定，如果是食品级的添加剂，必须在外包装袋上标注“食品添加剂”的特定字样。而在池子边上，还扔了好几个开包过的柠檬酸、食盐等食品添加剂空袋子。“5个工业级柠檬酸的空袋子，都是25公斤装的。”当执法人员怀疑这可能是工业柠檬酸时，作坊的老板慌了，称他们没往池子里加工业柠檬酸，他撕开包装后就倒掉了。当执法人员要求解释倒在哪里时，他又无法说清，最后默认是用于泡金针菇。

执法人员问：“使用这些柠檬酸有没有标准?”，老板答：“一般凭经验倒，没有去准确计量。”执法人员问：“这样生产出的金针菇，你们自己敢吃么?”瞿姓老板显得有些尴尬，他搓着双手说：“自家生产的，自己一般不吃。”

工商部门以该作坊没有取得食品生产许可证、生产卫生条件恶劣及涉嫌使用非食品添加剂为由，封存了这些金针菇和生产场所。工商部门证实，涉嫌添加上述添加剂浸泡过的金针菇共计34900公斤。

当地工商部门表示，盐渍对柠檬酸的含量是有要求的，含量符合标准的，对人体没有危害；如果使用过量，不仅金针菇的质量会大打折扣，甚至不能食用。药剂学专家称，长期过量食用含有柠檬酸的食品，会导致体内钙质流失，引起低钙血症。而使用工业柠檬酸浸泡，化学残留会损害神经系统，诱发过敏性疾病，甚至致癌。

现场被查扣的盐渍金针菇都含有柠檬酸，但是凭肉眼判断，很难区别工业级的柠檬酸和食用级的柠檬酸。执法部门也找过专业的检测机构，但是连质检机构也表示，没有办法将两者区别开，因为有毒有害物质含量比较低。

“目前没有一个盐渍金针菇的标准”，盐渍金针菇不是最终产品，而是金针菇系列产品生产线上的一个中间产品，所以终端产品的检测标准也不适用于检测盐渍金针菇。

（十六）南山婴幼儿奶粉被通报发现“含强致癌物”

2012 年 7 月 20 日，湖南出产的名牌南山婴幼儿奶粉在广州被通报发现“含强致癌物”。湖南省长沙市 23 日召开新闻发布会表示，长沙市食安委闻讯后，22 日当天就采取紧急查处措施。食安委协调质监、工商等部门，组织技术人员和食品专家对“南山奶粉”生产厂家湖南长沙亚华乳业有限公司开展了现场调查。

经初步调查，产品检出黄曲霉毒素 M1 的原因初步认定是由于奶牛喂养过程中食用了被黄曲霉毒素 B1 污染的饲料，黄曲霉毒素 B1 在体内被羟化而生成黄曲霉毒素 M1，主要存在乳液和尿液中，具体原料来源目前正在全面追查。

“南山奶粉”被抽检的 5 个批次“倍慧”婴幼儿奶粉，全部含有强致癌性物质黄曲霉毒素 M1。这批产品，生产时间在 2011 年 7 月至 12 月区间，分别涉及盒装和罐装。该企业生产记录显示，共计生产量为 31.4778 吨，主要销售区域为湖南省和广东省。

有专业乳业分析师表示：现在正值雨季，南方地区雨水多饲料易霉变，牛吃了后产出的奶易出现黄曲霉毒素 M1 超标的现象。相对于其他行业，乳品行业产业链更长，加工牛奶的乳品企业不一定每一头奶牛都由公司来养，而养牛的散户不一定自己种草产饲料。从饲料、到散奶、再到产品物流运输、再到终端乳制品被摆上货架最终被消费者买回家，每一个环节都是相互依存的，这中间任何一个环节出现差错都会导致产品出现质量问题。

食品安全的漏洞实在是太多了，全国人大常委会的一位老领导曾经发出感叹，新中国成立后那一段时间，我们的生活那样艰苦，但吃的东西非常放心，现在生活条件这样好，但吃的东西让人越来越不放心。

温家宝总理 2011 年曾经怒斥食品安全问题，他指出，恶性的食品安全事件足以表明，诚信的缺失、道德的滑坡已经到了何等严重的地步！

四、笔者对这些恶性事件的思考

随着对近几年来我国发生的恶性食品安全事件的研究，笔者一直在思考一些问题：

第一，监管问题究竟出在哪里？在2011年出现的“牛肉膏”事件中，某省质监部门宣称，在食品加工环节至今未发现有“牛肉膏”造假牛肉现象，但在消费市场，有餐饮业人士就爆料称，该省不少小餐饮店内就有以猪肉或其他肉类添加“牛肉膏”造假牛肉的现象。

对此，相关监管部门也感觉无奈。目前我国监管食品的部门仍然是分段管理，其中农业部门管农产品，质监部门管食品加工环节，工商部门管流通领域，食品药品监管部门管餐饮。在分段管理中，“老大难”问题至今仍然未解决，比如目前对食品添加剂的使用监管仍然存在着盲区，存在“交叉管理、无人真管”的空白和监管手段缺乏等问题。

但是，“交叉管理”难道就可以成为我们的执法部门、我们的执法人员不履行自己的监管职责的借口吗？因为交叉管理，所以就出现了无人真管的现象。笔者认为如果各个执法部门在自己的职责范围内，各人自扫门前雪，真真正正地管起来的话，我想这些所谓的食品安全问题，绝大部分是完全可以避免的，关键还是一个责任心问题。

第二，小作坊小摊贩如何管？食品安全事故不断，我国庞大的“小作坊”、“小摊贩”的存在使监管难度更大。质监部门有关人士指出，由于国情所致，包括流通、餐饮、生产加工等各环节都存在大量的“小作坊”，其中广东省内生产加工环节的小作坊2011年就达到6000家。食品加工小作坊和食品摊贩这些食品生产经营的“小散户”，本来就是食品安全事故的高发群体。目前国内小作坊量大，而且缺乏明确的监管法律，由于没有统一的专门性的监督管理办法，各省市县政府自行制定相关的管理办法，有的归城管，有的归食品药品监管局，还有的归卫生或者质监部门，管理主体的不同，带来了目前对小作坊和小食品摊贩在食品安全问题上的监管漏洞。

质监部门有关人士指出，根据我国有关法规，对小作坊、小摊贩的管理应由地方立法，然而到目前为止，监管链条的各个环节对小作坊的管理均没有出台相应的法规。

事实是否真的就如这个质监部门的人士所说的呢？我们来看：

《食品安全法》第六条说：“县级以上卫生行政、农业行政、质量监督、工商行政管理、食品药品监督管理部门应当加强沟通、密切配合，按照各自职责分工，依法行使职权，承担责任。”本条规定各个监管部门应当加强沟通、密切配合，按照各自职责分工，共同做好食品安全监管工作，实现“从农田到餐桌”的全程监管，实现环环相扣的无缝衔接。

在《食品安全法》“监督管理”一章，第八十条规定了县级以上卫生行政、质量监督、工商行政管理、食品药品监督管理部门接到咨询、投诉、举报，对属于本部门职责的，应当受理，并及时进行答复、核实、处理；对不属于本部门职责的，应当书面通知并移交有权处理的部门处理。有权处理的部门应当及时处理，不得推诿；属于食品安全事故的，依照有关规定进行处置。

第三，企业的社会责任感怎样才能提高？有学者认为食品安全问题频现，主要是商家受利益的驱使，导致整个中国的市场诚信缺失所造成的。学者们认为，集中突击式的抽检和清查，只管得了一时，治标不治本。只有建立长效和常态的工作机制，才能真正拉紧食品安全网，重塑消费信心。

笔者认为：

首先，在监管方面，政府的思维方式应当改变。目前，政府只注重监管（其实也没有完全监管起来），而忽略了对企业的社会道德感和责任感的正确引导。如果政府加强对企业的社会道德感和责任感的引导，让这些企业摆正自己的位置，我想至少食品安全问题会减少许多。

其次，在我国，企业违规成本太低，对企业的惩罚力度不大，政府应该加大违规企业的惩罚力度。在我国，缺乏惩罚性赔偿制度，无形中放纵了企业的不负责任。到目前为止，笔者没有看到媒体对消费者因为食品安全问题受到伤害通过诉讼的方式追究商家的法律责任的报道，并非我们的消费者软弱，在我国目前的法律环境下，消费者的合法权益受到损害时，即使消费者走诉讼途径赢了官司，但得到的赔偿也是寥寥无几的。正因为如此，企业才会如此不重视我国消费者权益的保护。国家监管失灵，公民的监督又未能充分调动起来，双重监管的缺失导致假冒伪劣产品泛滥，严重危害公民的生命健康安全。

在欧洲，国家对食品安全出现问题的企业往往采用“重锤”打击，高额的处罚让企业不敢轻易动“歪脑筋”，而国内的问题厂家每次接受轻度的惩罚后，受着高额利润的驱使，继续生产问题产品，继续我行我素，这就使得食品安全问题一波接一波 。

以上是我对2012年发生的恶性食品安全事件所进行的一些不太成熟的思考。希望能够引起大家的共鸣。

五、小结

笔者在本章中列举了我国近年来发生的一系列食品安全事件，并对问题产生的原因做了一些分析和思考；同时对乳业新国家标准出台前后的相关情况做了一些介绍。目的是希望能有更多的人参与进来，为我们自身的健康和生命安全去努力改变现存的许多不合理的状况；希望能有更多的人去呼吁相关主管部门在立法的过程中能把公众的生命健康和安全放在首要的位置予以考虑；希望能有更多的人通过各种方式主动去争取我们自己的合法权益，而不是被动地任人宰割。唯有如此，我们身边的恶性食品安全事件才会越来越少，我们的食品安全环境才能不断得到改善、越来越优化。

第五章
国外的食品安全状况以及
外国保障食品安全的一些措施

食品安全问题关系到每个人的生命健康，不仅是中国的难题，也是一个全球性难题。从世界范围来看，在欧美发达国家的城市化进程中，在各色人集中向城市流动的过程中，在各种生存方式和生活条件的共同作用下，道德沦丧和道德滑坡成为难以避免的“城市病”，犯罪率也随着城市化的扩张而逐渐上升。下面笔者给大家介绍一些国外的食品安全状况以及外国保障食品安全的一些措施。

一、美国

（一）美国的食品安全状况

美国在进入大工业化食品生产之初，也曾经历过一段非常不光彩的历史。

1904 年作家厄普顿·辛克莱在芝加哥一家大型屠宰场里工作了 7 周，随后写成了《屠场》一书，该书在 1906 年面世。书中写道：“食品加工车间里垃圾遍地，污水横流。腐烂了的猪肉、发霉变质的香肠经过硼砂和甘油处理后再加上少量的鲜肉和着被毒死的老鼠被

一同铲进香肠搅拌机……”；“从欧洲退货回来的火腿，已长出了白色霉菌，公司把它切碎，填入香肠；商店仓库存放过久已经变味的牛油，公司把它回收，重新融化。在香肠车间，为对付成群结队的老鼠，到处放着毒面包诱饵，毒死的老鼠和生肉被一起掺进绞肉机。”这就是《屠场》所描写的20世纪初美国食品工厂的真实场景，书中暴露的美国肉品加工行业的种种内幕，引发了公众对美国食品安全和卫生的强烈反应。

从20世纪40年代起，人们开始大量生产和使用六六六、DDT等剧毒杀虫剂以提高粮食产量。到了50年代，这些有机氯化物被广泛使用在生产和生活中。这些剧毒物的确在短期内起到了杀虫的效果，也使粮食产量得到了空前的提高。然而，这些用于杀死害虫的毒物会对环境及人类贻害无穷。它们通过空气、水、土壤等潜入农作物，残留在粮食、蔬菜中，或通过饲料、饮用水进入畜体，继而又通过食物链或空气进入人体。这种有机氯化物在人体中积存，可使人的神经系统和肝脏功能遭到损害，可引起皮肤癌，可使胎儿畸形或引起死胎。同时，这些药物的大量使用使许多害虫已产生了抵抗力，并由于生物链结构的改变而使一些原本无害的昆虫变为害虫了。美国海洋生物学家蕾切尔·卡逊经过4年时间，调查了使用化学杀虫剂对环境造成的危害后，于1962年出版了《寂静的春天》一书。在这本书中，卡逊指出了农药等化学合成制剂的使用对环境造成污染并威胁人类的健康和生存的问题。

2001年《快餐王国》一书出版。书中详细讲述了麦当劳成功的神话：“以麦当劳为代表的美国快餐文化最初伴随美国西部开发、高速公路网的延展和大工业农业的发展而在市场上占据了一席之地。1979年，麦当劳公司的主席弗里德·特纳灵感凸显，发明了无骨的麦乐鸡，一改过去只有逢年过节才能吃鸡而且过程繁琐的缺点，使吃鸡成为一件方便快捷的事情。麦当劳在该产品推出市场后迅速成为美国第二大鸡肉购买者，仅次于专门销售鸡肉产品的肯德基公司。

很快，1987年美国禽肉消费量第一次超过牛肉和猪肉成为第一大肉类，近几年禽肉占到肉类总消费量的44.2%，居各种肉类的首位。”在《快餐王国》的作者艾里克·施罗瑟看来，《屠场》一书发表近1个世纪过去，但大工业化食品生产改变甚小，甚至随着垄断程度的加深，工业化达到了无以复加的程度。快餐文化已经成为美国文化的象征，美国人平均将90%以上的食品开支花在了购买加工过的食品上，由此带来的肥胖和各种心血管疾病给公共健康带来了很大危害，也使美国公共医疗和保险体系不堪重负。他在《快餐王国》一书中的上述观点引发了美国公众对食品安全和快餐文化的深刻反思。

2006年9月中旬，美国爆发了著名的“毒菠菜事件”，导致美国26个州200余人感染大肠杆菌，其中3人死亡，加拿大也有1个省被殃及。这些人是因食用加州东部萨利纳斯谷地生产的“毒菠菜”而患病的。

2007年6月10日，美国加利福尼亚州“联合食品公司”宣布，紧急召回已在11个州售出的200多万公斤牛肉，原因是这些牛肉可能感染了大肠杆菌。

2009年1月，美国花生公司布莱克利工厂生产的花生酱被沙门氏菌污染，导致9人死亡，引发震惊全美的“花生酱事件”。

2010年8月美国爆发近年来最大规模的沙门氏菌污染鸡蛋疫情，造成1000多人染病。新一轮沙门氏菌疫情在美国各地蔓延。美国有18个州发现了遭沙门氏菌污染的鸡蛋，两周时间内高达5.5亿只鸡蛋被召回。

2011年9月中旬，食用遭李斯特菌污染的香瓜事件从科罗拉多州南部的农场向外蔓延。美国联邦政府卫生部门称，患者分布在28个州，共有146人染病。污染事件造成30人死亡，还造成1名孕妇流产。

作为科技大国和食品安全管理非常严格的美国，近年来，严重的食品安全事件也非常多，据美国有关方面统计，近几年美国平均每年发生的大大小小的食品安全事件达350宗之多，比上世纪90年代初增加了100多宗。

（二）美国政府采取的措施

1. 通过立法来规范食品安全管理

综观美国食品安全走过的世纪之路，《屠场》、《寂静的春天》和《快餐王国》这3本书宛若珍珠，在每一个关键节点上绽放理性和社会关怀的光辉。更值得嘉许的是美国公众舆论与政府及立法机构的良性互动。

《屠场》一书促成了美国食品和药品法案以及肉类检查法案的出台，并直接促成了日后在美国食品安全方面扮演守护神角色的美国食品药品监督管理局（简称FDA）的成立。《寂静的春天》一书促成了美国国家环境政策法案（简称NEPA）的出台和美国环境保护署（简称EPA）的成立；《快餐王国》一书则引导着美国公众向更健康的饮食结构转化。

2009年1月，“花生酱事件”发生后，公众对美国食品安全监管制度以及美国食品药品监督管理局保障食品安全的能力提出严重质疑。美国总统奥巴马事后评论说，美国的食品安全体系不但过时，而且严重危害公共健康，必须彻底进行改革。在此背景下，2009年美国加快了食品安全立法进程，继《2009年消费品安全改进法》后，又通过了几经修改的《2009年食品安全加强法案》。

2011年初美国总统奥巴马签署了具有历史意义的《食品安全现代化法案》，随后美国食品药品管理局开始全面实施该项法案。

2. 控制源头——将监管触角伸向产地

美国的食品安全监管机制按照联邦、州和地区分为3个层面监管。三级监管机构大多聘请相关领域的专家，采取进驻饲养场、食品生产企业等方式，从原料采集、生产、流通、销售和售后等各个环节进行全方位监管，从而构成覆盖全国的立体监管网络。美国政府及立法机关希望通过监管机构专门化和细化，将食品监管的权责明晰化，从而尽可能地避免恶性食品安全事件的发生。

同时扩大美国食品和药品管理局的监管权力和职责，强调食品安全应以预防为主。根据《食品安全现代化法案》，FDA（美国食品药品监督管理局）除了可以直接下令召回存在安全隐患的食品外，还有权检查食品加工厂，以及对进口食品制定更为严格的标准，尽量将食品安全的隐患消灭在端上餐桌之前。

二、欧盟

（一）欧盟的食品安全状况

1. 比利时“二恶英污染鸡事件”

1999年2月，比利时养鸡业者发现饲养的母鸡产蛋率下降，蛋壳坚硬，肉鸡出现病态反应，因而怀疑饲料有问题。据初步调查，发现荷兰3家饲料原料供应厂商提供了含二恶英成分的脂肪酸给比利时的韦尔克斯特饲料厂，该饲料厂自1999年1月15日起，误把上述含二恶英的脂肪酸混搀在饲料中出售。饲料中含二恶英成分超过允许限量的200倍左右。据悉，被查出的该饲料厂生产的含高浓度二恶英成分的饲料已售给超过1500家养殖厂，其中包括比利时的400多家养鸡厂和500余家养猪厂，并已输往德国、法国、荷兰等国。比利时其他畜禽类养殖业也不能排除使用该饲料的可能性。比利时的调查结果显示，有的鸡体内二恶英含量高于正常限值的1000倍，危害极大。6月1日，比利时政府宣布停售和收回市场上所有比利时制造的蛋禽食品。6月3日，比利时政府再次宣布，由于不少养猪和养牛场也使用了受到污染的饲料，全国的屠宰场一律停止屠宰，对可疑饲养场进行甄别，并决定销毁1999年1月15日—6月1日生产的蛋禽及其加工制成品。

6月2日，欧盟委员会指责比利时“知情不报，拖延处理”，并决定在欧盟15国停止出售并收回和销毁比利时生产的肉鸡、鸡蛋和蛋禽制品，以及比利时生产的猪肉和牛肉，并保留向欧洲法院上告比利时、追究其法律责任的权利。

2. 英国爆发大规模口蹄疫

2001年英国爆发大规模口蹄疫，其间共发现病例2000多起，600万—1000万头家畜被宰杀，重创英国的农业和旅游业，造成大约85亿英镑的损失。口蹄疫后来还扩散到法国、荷兰、爱尔兰等国，成为历史上最严重的动物传染病灾难之一。

3. 法国宝怡乐召回疑遭沙门氏菌污染的婴幼儿奶粉

2008年9月23日，法国婴幼儿乳品企业宝怡乐宣布在全国范围内召回一批婴幼儿“防吐助消化”奶粉。宝怡乐（NOVALAC）当天在网站上发表公报说，此次被召回的产品为仅在法国药店出售的规格为800克桶装的、批号为10的婴幼儿“防吐助消化”奶粉，共有4500桶。召回原因是这一批次产品被怀疑受到沙门氏菌污染。公报要求购买了该批次奶粉的家长“一定不要再给孩子食用”，并尽快与出售该产品的药店联系退货。公报还强调，如果已经食用了该批次奶粉的孩子出现腹泻、发烧或呕吐等现象，请家长及时带孩子就诊。公报最后指出，这一批次奶粉是由西班牙一家专营此类产品的工厂生产的。

4. 爱尔兰猪肉的“二恶英”污染问题

2008年爱尔兰猪肉遭“二恶英”污染，2008年12月7日，爱尔兰官方初步认定，猪肉“二恶英”污染源头为一家利用回收原料加工饲料的厂家，警方正对这家工厂展开调查。调查人员认为，有10家爱尔兰农场和9家英国北爱尔兰农场使用了这种受到二恶英污染的饲料。这10家爱尔兰农场生猪出栏量占爱尔兰全国产量的1/10左右。

爱尔兰农业部门称，受致癌物质二恶英污染的爱尔兰猪肉制品可能已外销25个国家和地区。已知受影响国家包括英国、美国、法国、德国、俄罗斯、荷兰、比利时、瑞典，以及部分亚洲国家和地区。爱尔兰总理办公室随后宣布，因怀疑受二恶英污染，召回2008年9月1日后生产的所有猪肉制品。

自我标榜拥有世界上最严格食品安全制度的欧盟，近年来食品安全危机也是不断，而且每一次都是从小事故演变成大危机。

（二）欧盟采取的措施

1. 提出了“可溯性”概念

面对不断出现的食品安全危机，欧盟于2002年首次对食品生产提出了“可溯性”的概念，以法规形式对食品、饲料等关系公众健康的产品强制实行从生产、加工到流通等各阶段的溯源制度。

2. 推行从“农场到餐桌”的全程控制管理

2006年，欧盟推行从“农场到餐桌”的全程控制管理，对各个生产环节提出了更为具体、明确的要求，以便对食品安全进行管控。

三、值得我国借鉴的食品安全保障措施

在食品安全管理方面，与我国相比而言，有些国家和地区已经建立起了较为完整的“从农场到餐桌”的食品安全保障系统，下面让我们看看归纳、总结出来的外国的一些做法、招数：

（一）严把食品安全的源头关——将监管触角伸向产地

在英国，消灭食品安全的隐患同样是英国食品标准署的基本职能之一。英国食品标准署不仅监测着市场上的各种食品，还将触角延伸到了食品产地，并且这种工作还往往是长期持续的。比如1986年的切尔诺贝利核事故使得大量放射性物质飘散到欧洲上空，有不少放射性物质在英国养殖绵羊的一些高地地区沉降，20多年过去了，

食品标准署还一直监控着当地绵羊的情况，2009 年发布的公告说还有 369 家农场的绵羊产品受到限制。

法国是世界闻名的美食大国，食品安全一直是政府和民众关注的焦点。近些年来，疯牛病、二恶英污染、禽流感、口蹄疫等与食品安全相关的问题不断涌现，促使法国更加注重对食品生产、销售等各个环节的监管。从食品供应的源头开始，法国当局实行严格的监控措施。供食用的牲畜如牛、羊、猪都会挂有识别标签，并由网络计算机系统追踪监测。屠宰场还要保留这些牲畜的详细资料，并标定被宰杀牲畜的来源。肉制品上市要携带“身份证”，标明其来源和去向。

加上前文笔者介绍的美国，从美、英、法 3 个国家的做法，我们可以总结出一点，那就是这 3 个发达国家都严把食品安全的源头关——将监管触角伸向产地。

（二）重视在流通环节为每份食品“建档案”

在日本，米面、果蔬、肉制品和乳制品等农产品的生产者、农田所在地、使用的农药和肥料、使用次数、收获和出售日期等信息都要记录在案。农协收集这些信息，为每种农产品分配一个“身份证”号码，供消费者查询。日本的食品监管还重视企业的召回责任。日本报纸上经常有主动召回食品的广告。日本采用以消费者为中心的农业和食品政策。食品只有通过“重重关卡”才能登上百姓的餐桌。在食品加工环节，原则上除厚生劳动省指定的食品添加剂外，食品生产企业一律不得制造、进口、销售和使用其他添加剂。

在德国，食品的食物链原则和可追溯性原则得到了很好的贯彻。以消费者在超市里见到的鸡蛋为例，每 1 枚鸡蛋上，都有一行红色的数字。比如说：2 - DE - 0356352，第一位数字用来表示产蛋母鸡的饲养方式，“2” 表示是圈养母鸡生产；DE 表示出产国是德国；第三部分的数字则代表着产蛋母鸡所在的养鸡场、鸡舍或鸡笼的编号。

消费者可以根据红色数字传递的信息视情况选购。一旦出现食品安全危机，可以根据这些编码迅速找到产生问题的原因。2010 年 12 月底，德国安全食品管理机构在一些鸡蛋中发现超标的致癌物质二恶英，引起德国上下的极大关注。通过对有毒鸡蛋的追查，有关机构顺藤摸瓜将焦点快速锁定在了石勒苏益格—荷尔施泰因州的一家饲料原料提供企业身上。这家公司将受到工业原料污染的脂肪酸提供给生产饲料的企业，才导致了其下游产业产品二恶英超标。随后，德国政府迅速隔离了 4700 个受波及的养猪场和家禽饲养场，强制宰杀了超过 8000 只鸡。

在英国，英国食品标准署对食品的追溯能力也在 2010 年的克隆牛风波中得到展示。2010 年有媒体披露，一些英国农场主表示饲养了克隆牛及其后代，并将其牛奶和牛肉制品拿到市场上销售。由于公众对克隆动物食品还存在一些不同看法，特别是不少人在食品安全问题上存有疑虑。食品标准署很快查明报道中的牛是一头从美国进口的克隆牛的后代，并据此确认了其后代 8 头牛所在的农场，以及是否有相关奶制品或肉制品进入市场。这些结果公布后，公众掌握了相关事实，一场风波很快就消散了。

从日本、德国、英国的做法当中，我们可以看出他们非常重视在流通环节为每份食品“建档案”。实践证明这也确实是一个行之有效的方法。

（三）对食品造假者出狠招，采取重典治乱的方式，进行重罚

在食品安全制度相对先进的发达国家，食品安全事故也时有发生，各国为此都加大了惩罚力度，其中的许多做法值得我们借鉴。

德国对食品安全事件采取的措施是刑事诉讼外加巨额民事赔偿。2010 年底，德国西部北威州的养鸡场首次发现饲料遭致癌物质二恶英污染。2011 年 1 月 6 日，德国警方即调查位于石荷州的饲料制造商“哈勒斯和延奇”公司。7 日，德国农业部宣布临时关闭 4700 多

家农场，禁止受污染农场生产的肉类和蛋类产品出售。对于这次二恶英事件中的肇事者，德国检察部门提起刑事诉讼，同时受损农场则提出民事赔偿，数额之大完全有可能让肇事者破产。

韩国对制造有毒食品的商家采取的措施是追究其刑事责任、10年内禁止营业，另外还附以高额罚款。2004 年 6 月，韩国曝出了“垃圾饺子”风波。事件曝光后，韩国《食品卫生法》随之修改，规定故意制造、销售劣质食品的人员将被处以 1 年以上有期徒刑；对国民健康产生严重影响的，有关责任人将被处以 3 年以上有期徒刑。而一旦因制造或销售有害食品被判刑者，10 年内将被禁止在《食品卫生法》所管辖的领域从事经营活动。另外，还附以高额罚款。

在法国，卖过期食品的商家必须立刻关门。对商家来说，销售部门对于保障食品安全的作用是不言而喻的。巴黎超市的工作人员每天晚上关门前都会把第二天将要过期的食品扔掉。判断食品是否过期的唯一标准就是看标签上的保质期，而一旦店内有过期食品被检查部门发现，商店就得关门。

2007 年在巴西东南部，两家牛奶生产厂在牛奶中掺入一种溶液，以延长保质期。消费者饮用后出现腹痛、腹泻等现象。接到投诉后，巴西有关方面拆除了工厂的生产设备，查封了库存牛奶，并在市场上收缴这两家工厂生产的牛奶。在巴西，生产未达标产品的企业将受到处罚。如果是重犯，企业都将被处以与首次发现时数额相同的罚款，同时还要接受停产 30 天检查、没收不合格产品、收回已投放市场产品等一系列处罚。如再被查出，案件将直接进入司法程序，企业法人将以食品造假罪被起诉。

从德国、韩国、法国、巴西等国的做法当中，我们不难看出，对食品造假者，他们都出了狠招，采取重典治乱的方式，进行重罚。

（四）用“食品召回”制度构筑食品安全的最后屏障

美国：奥巴马政府的食品监管改革要点之一就是授予美国药管

局强制召回权，可以直接下令召回而无需要求生产厂家自愿。目前，美国FDA（美国药管局）推出了食品召回官方信息发布的搜索引擎，以提高食品安全信息披露的及时性和完整性。通过搜索，消费者可以获得自2009年以来所有官方召回食品的详细动态信息。

英国：在英国食品标准署网站上，可以查询到问题食品的召回信息，包括食品生产厂家、包装规格和召回原因。比如，在2011年3月22日的一条公告中，写明召回Natco公司生产的400克装咖喱鹰嘴豆，原因是未在标签中注明其含有芥末，可能会引起对芥末过敏人群的不适。像这种并不算很严重的原因都得到清晰监管，对那些大的食品安全问题，公众也就更放心。

德国：对于不合格食品的召回，德国食品安全局和联邦消费者协会等部门联合成立了一个"食品召回委员会"，专门负责问题食品召回事宜。2004年，在"食品召回委员会"监督下，亨特格尔公司调查发现，该公司生产的孕产妇奶粉和婴儿豆粉中有"坂歧氏肠杆菌"，威胁消费者尤其是婴儿健康。事件发生后，亨特格尔公司以最快速度召回了产品，另外还向消费者支付了1000万欧元的赔偿金。

从美国、英国、德国的做法当中，我们可以看出：食品召回制度构筑了食品安全的最后屏障，问题食品召回制度是发现食品质量存在缺陷之后采取的一个重要补救措施，是防止问题食品流向餐桌的最后一道屏障。

（五）不断完善本国的食品安全法律体系，用法律来保障食品的安全

在美国，每隔一段时间就会出现食品安全事件，如2008年的"沙门氏菌事件"、2009年的"花生酱事件"和2010年的"沙门氏菌污染鸡蛋疫情"。

2009年1月，美国花生公司布莱克利工厂生产的花生酱被沙门氏菌污染，导致9人死亡，震惊全美。在上述背景之下，美国于

2009年加快了食品安全立法进程，继《2009年消费品安全改进法》后，又通过了几经修改的《2009年食品安全加强法案》。

2011年1月，美国总统奥巴马签署《食品安全现代化法案》，美国食品安全监管体系迎来一次大变革。奥巴马政府的这次改革是根据不断变化的现实对美国食品安全体系进行的一次调整。

100多年来，美国的食品安全体系在不断改进中日渐成熟。1906年，美国国会通过《食品药品法》和《肉类制品监督法》，美国食品安全开始纳入法制化轨道。20世纪50—60年代，随着经济的高速发展，美国在食品加工和农业方面出现了滥用食品添加剂、农药、杀虫剂和除草剂等化学合成制剂的情况。为规范食品添加剂和农药的使用标准，美国政府先后出台了《食品添加剂修正案》、《色素添加剂修正案》、《联邦杀虫剂、杀真菌剂和灭鼠剂法》等多部法律。近年来，美国多次发生食品污染事件，奥巴马政府又及时调整食品监管体系，赋予美国食品和药品管理局（FDA）更大的权力。

在巴西，负责食品监督的部门和机构是国家卫生监督局、农业部、社会发展和消除饥饿部等机构。此外，民间还有消费者维权基金会和消费者保护研究院等。这些机构都有比较完善的体制，在市镇、州、联邦三个层级开展工作。巴西有关食品安全的法案很多，也很具体。从2005年开始，巴西又强制执行食品营养成分标签规定，要求食品标签必须包括热量值、蛋白质、碳水化合物、脂肪、纤维含量、钠含量等信息，以保障公众健康。

英国、德国这两个国家的食品监管体系同样经过了几十年甚至上百年的积累和发展。英国食品安全监管机构食品标准署成立于2000年。此前，英国在1990年颁布《食品安全法》，对食品质量和标准等方面进行了详细规定。而《食品安全法》又是在1984年的《食品法》基础上修改而成的。再往前追溯，还可以找到一些与食品安全相关的法律。而德国食品法的历史则最早可追溯到1879年。迄今为止，德国关于食品安全的各种法律法规多达200多个，涵盖了原材料采购、生产加工、运输、贮藏和销售所有环节。由此可以看出，发达国家对食品安全的重视源远流长，而且相关法律和监管体系在与时俱进地不断修订完善。

从美国、巴西、英国、德国的做法当中，我们可以看出没有什么制度是万能的，即便是美国相对先进的食品安全管理制度也仍需要不断完善。随着社会的进步，随着时间的推移，各个国家都在不断完善本国的食品安全法律体系，用法律来保障食品的安全。

四、小结

本章着重以美国、欧盟为例，介绍了国外食品安全的一些情况，意在让大家知道，食品安全问题不仅仅发生在中国，即使经济发达的西方国家也不例外；同时归纳、总结了国外在食品安全管理方面值得我国借鉴的一些好的经验和做法。

第六章
2011年我国在食品安全问题上采取的一系列举措

食品安全关乎人民群众的切身利益，关乎社会的和谐稳定。2011年3—5月，全国人大常委会执法检查组开展了《食品安全法》执法检查工作。6月29日，第十一届全国人大常委会第二十一次会议举行第二次全体会议，全国人大常委会副委员长路甬祥代表执法检查组向会议报告了检查情况。

路甬祥副委员长的报告说，检查组重点对江苏、湖北、四川、内蒙古、吉林、上海、陕西7个省（区、市）进行了检查，并委托其他省（区、市）人大常委会对本行政区域内食品安全法的实施情况进行检查。

一、路甬祥副委员长的报告指出的六个大的问题和提出的八个建议

（一）报告中指出的六个大的问题

一是一些食品生产经营企业法律意识淡薄，诚信道德低下。目前，一些食品生产加工企业和从业人员唯利是图，置法律、道德和

人民群众的生命健康于不顾，肆无忌惮地生产加工有毒有害食品，而且手段不断翻新。

二是一些地方和部门监管缺失，对违法行为打击不力，使食品领域违法犯罪行为得不到有效遏制。路甬祥表示，目前，食品安全源头监管薄弱，是一个相当突出的问题。近年来的食品安全案件，大多发生在食品生产源头和初加工环节。因此，依法加强源头监管、消除安全隐患，是需要各级政府高度重视并尽快予以解决的重大问题。

三是体制调整尚未完全到位，某些职责分工不明确，造成一些环节监管缺失。在实际监管工作中监管交叉和监管空白同时存在，一些地方在发生问题后甚至出现相互推诿的现象。食品安全综合协调的体制机制尚未理顺。

四是法规和标准不健全，影响了法律实施效果。从国家层面看，一些监管工作方面需要的法规、规章和制度还存在空白。从地方层面看，应由地方制定的食品生产加工小作坊和食品摊贩管理办法，目前仅有个别省（区、市）出台。

五是检验检测资源配置不合理，影响监管工作效率。

六是法律的宣传贯彻不够深入，特别是对生产经营人员的教育薄弱，以至一些食品生产经营企业的从业人员对法律规定不了解、不熟悉的情况还比较普遍。

（二）针对本次执法检查的情况，路甬祥副委员长代表检查组提出八点建议

一是进一步理顺监管体制，明确细化监管责任。检查组建议国务院食品安全委员会办公室要督促指导地方完善食品安全综合协调体制机制建设，健全相关工作制度，充分发挥各级负责综合协调职能的机构的作用。

二是进一步强化地方政府的责任，加强基层监管能力建设。建

议国务院进一步研究解决好条条监管和块块监管的统筹协调，强化地方政府的责任，使其切实担负起法律要求的“负总责”的责任。国务院要加强对地方政府食品安全工作的考核评估，并逐步建立和完善食品安全责任体系。

三是进一步强化源头管理，加强综合治理食品安全问题的科学研究。要进一步加大在食品安全基础研究方面的投入，推进食品市场的现代化和标准化管理，加强对食品生产加工新技术、新方法、新工艺可能带来食品安全隐患的研究，加强科学有效的检验检测。

四是进一步整合检验检测资源。可考虑在3个层次上配备检验检测资源：1. 快速检测，用于监管人员日常的监督抽检。2. 专业检验检测机构，独立对食品特别是对日常监督中发现问题的食品作进一步检测，并出具检验数据和结论。3. 风险监测和评估机构，按照食品安全法的规定设置和运行。

五是进一步抓好配套法规和标准体系建设。建议进一步加强食品安全风险监测评估能力和标准体系建设，建立监测资源和数据共享机制，尽快解决有些食品无标准和标准不统一的问题。

六是加强宣传教育，提高食品生产经营者法律意识和责任意识。

七是进一步加强对食品安全违法行为的惩处力度。要加大对食品安全监管部门及其责任人的责任追究力度，对监管执法人员的违法行为也要加大惩处力度。

八是进一步加强全社会的监督。

二、为落实全国人大常委会的建议，国务院食品安全委员会办公室出台的措施

为落实全国人大常委会的建议，国务院食品安全委员会办公室下发了《关于建立食品安全有奖举报制度的指导意见》，要求各地建

立食品安全有奖举报制度，及时发现食品安全违法犯罪活动，严厉惩处违法犯罪分子。

指导意见要求，各地要在省级政府的统一领导下，抓紧制定食品安全举报奖励具体办法。地方各级政府要设立食品安全举报奖励专项资金，将举报农产品种植养殖和食品生产经营过程中使用非法添加物、滥用食品添加剂，购销和加工病死畜禽、制售假冒伪劣食品等食品安全违法犯罪行为，列入奖励范围，经查证属实的要及时兑现奖励。

三、为落实国务院食品安全委员会办公室的文件精神，国家相关部委采取的一系列举措

（一）国家食品药品监督管理局

为落实国务院食品安全委员会办公室《关于建立食品安全有奖举报制度的指导意见》，国家食品药品监管局还统一编制了宣传材料，要求各省（区、市）食品药品监管部门根据本辖区实际情况，将宣传品印制、发放至辖区内各食品生产、经营企业进行张贴，宣传打击食品非法添加和滥用食品添加剂专项工作。

（二）国家质量监督检验检疫总局

全国质检系统计划在2011年年底前完成食品生产企业和食品添加剂生产企业的质量信用档案建设，对食品生产企业和食品添加剂生产企业建立食品安全信用档案，以此来规范企业的行为。

（三）多个部委统一行动

2011年12月27日，农业部、公安部、工业和信息化部、商务部、卫生部、国家工商总局、国家质检总局、国家食品药品监管局

联合下发了《“瘦肉精”涉案线索移送与案件督办工作机制》（农质发［2011］10号文件）。

文件强调了“瘦肉精”涉案线索的范围：1. 检测发现的线索；2. 检查发现的线索；3. 举报发现的线索；4. 国外通报的线索；5. 新闻媒体曝光的线索。

文件强调了“瘦肉精”案件督办的范围：1. 领导指示、批示的案件；2. 新闻媒体曝光的案件；3. 公安机关立案侦查的重大案件；4. 各地报送的重大案件；5. 其他需要督办的案件。

文件同时还强调了办理“瘦肉精”案件的保障措施：一是建立案件会商制度；二是建立信息通报制度；三是建立联合行动制度；四是建立奖惩考核制度。

多部委统一行动，联合出台举措的例子还有一些，限于本书的篇幅，这里就不再一一介绍了。

四、以吉林省为例，介绍地方人民政府的举措

为响应中央的有关部署，地方人民政府也采取了一系列的举措，以吉林省为例：

吉林省按照《食品安全法》的要求，在全国率先完成了机构改革和食品安全监管职能调整，确立了分工负责与统一协调相结合的食品安全监管体制。调整成立了新的正厅级省食品安全委员会，增加两位副省长为省食品安全委员会副主任，成员单位由18个增补到27个，并对每个部门的食品安全监管职能进行了重新明确。同时要求在2011年8月底前，各市（州）政府、长白山管委会，各县（市、区）政府也要成立独立建制的本级食品安全委员会办公室，参照省食品安全委员会办公室的职能，履行综合协调职责。

五、小结

本章着重介绍了 2011 年我国在食品安全问题上采取的一系列举措，笔者从全国人大常委会、国务院、国家部委、地方人民政府四个层面分别介绍了各自的一些做法，因为篇幅所限，所以内容不尽全面，还请读者多多包涵。

第七章 2012年我国在食品安全问题上采取的一系列举措

食品安全问题是一个浩大的工程，需要方方面面的努力、配合才能完成。食品安全问题同样也是一个民心工程，笔者衷心希望我们国家的相关主管部门、地方各级人民政府能够按照朱镕基同志说的那样——抱着“不管前面是地雷阵还是万丈深渊，都将勇往直前，义无反顾，鞠躬尽瘁，死而后已”的态度，来做好这件利国利民的大事，不要再出现过去的那些恶性食品安全事件。果真如此的话，我们的政府在老百姓中的威望能得到更大程度的提高。

一、关于《2012年食品安全重点工作安排》中的一些问题

（一）概述

改革开放以来，我们的党中央、我们的中央人民政府、国家各个部委、地方各级人民政府做了许许多多深得民心的事情，比如：国务院办公厅今年印发的《2012年食品安全重点工作安排》（国办发〔2012〕16号，以下简称16号文件）。文件的出台充分说明国务院对我国食品安全工作的高度重视。

2011年我国食品安全重点工作安排共有五项：1. 严厉打击食品安全违法违规行为；2. 突出抓好重点品种综合治理；3. 着力提升企业食品安全管理能力；4. 进一步提高食品安全监管水平；5. 切实加强食品安全宣传教育。

与2011年相比，2012年食品安全重点工作安排共有六项：1. 深化食品安全治理整顿；2. 进一步加强食品安全监管执法；3. 夯实食品安全监管基础；4. 进一步落实食品生产经营者的主体责任；5. 引导社会积极参与食品安全工作；6. 加强组织领导。

（二）深化食品安全治理整顿包含了七个方面的内容

1. 继续开展严厉打击食品非法添加和滥用食品添加剂专项治理行动（在2011年的基础上继续做这项工作）；

2. 深化重点品种综合治理（比如2012年6月初广东出现的“利用工业盐水制酱油”、“伊利婴幼儿配方乳粉汞含量超标”问题）；

3. 开展重点场所食品安全专项整治（比如：学校食堂外包问题、农村学校的学生营养餐问题）；

4. 开展农药兽药残留专项整治；

5. 开展畜禽屠宰专项整治；

6. 开展调味品专项整治；

7. 开展餐具、食品包装材料专项整治。

（三）进一步加强食品安全监管执法包含了三个方面的内容

1. 加大对食品安全违法犯罪行为的惩处力度；

加大对食品安全违法犯罪行为的惩处力度，目前的法律依据就是《中华人民共和国刑法修正案（八）》中的两个罪名：生产、销售不符合食品安全标准食品罪；生产、销售有毒、有害食品罪。

《中华人民共和国刑法修正案（八）》第二十四条（生产、销售不符合食品安全标准食品罪）将刑法第一百四十三条修改为：“生产、销售不符合食品安全标准的食品，足以造成严重食物中毒事故或者其他严重食源性疾病的，处三年以下有期徒刑或者拘役，并处罚金；对人体健康造成严重危害或者有其他严重情节的，处三年以上七年以下有期徒刑，并处罚金；后果特别严重的，处七年以上有期徒刑或者无期徒刑，并处罚金或者没收财产。”

《中华人民共和国刑法修正案（八）》（生产、销售有毒、有害食品罪）将刑法第一百四十四条修改为：“在生产、销售的食品中掺入有毒、有害的非食品原料的，或者销售明知掺有有毒、有害的非食品原料的食品的，处五年以下有期徒刑，并处罚金；对人体健康造成严重危害或者有其他严重情节的，处五年以上十年以下有期徒刑，并处罚金；致人死亡或者有其他特别严重情节的，处十年以上有期徒刑、无期徒刑或者死刑，并处销售金额百分之五十以上二倍以下罚金或者没收财产。”

2. 加强食品安全日常监管；

3. 进一步提高食品安全监管执法能力。

（四）夯实食品安全监管基础包含了七个方面的内容

1. 完善食品安全监管机制（严格落实行政执法责任制和责任追究制，进一步完善食品安全责任追究的具体办法，严肃查处监管执法中的不作为、不到位和乱作为等失职渎职行为）；

2. 进一步完善食品安全法律体系；

3. 加强食品安全标准体系建设；

4. 加强食品安全监测评估体系建设；

5. 强化食品安全检验检测；

6. 提高应急处置能力；

7. 加强食品安全科技研发。

（五）进一步落实食品生产经营者的主体责任包含了四个方面的内容

1. 严格实施食品生产经营许可；

2. 建立和完善企业生产经营的监管制度；

3. 强化食品生产经营企业内部管理（严格执行食品从业人员每年不少于40小时的培训制度，提高食品从业人员的食品安全意识和能力）；

4. 加强食品行业诚信体系建设。

（六）引导社会积极参与食品安全工作包含了三个方面的内容

1. 强化社会监督；

2. 认真落实有奖举报制度；

3. 加强宣传教育和舆论引导。

（七）加强组织领导包含了两个方面的内容

1. 强化地方政府责任；

2. 加强协调配合。

（八）笔者对上述内容的评析

这是自2009年以来，国务院办公厅连续第四年就食品安全年度工作作出重要部署的文件，充分说明了国务院对保障人民群众饮食安全的高度重视和对食品安全工作常抓不懈的决心。

从2009年起，国务院部署开展了全国食品安全整顿工作，在各地区、各部门的共同努力下，集中治理、执法检查、日常监管等明显加强，一些威胁人民群众身体健康的食品安全隐患得以消除，整顿工作取得阶段性成果。但是由于我国食品安全基础薄弱，受产业发展水平、企业管理水平等深层次因素的制约，当前取得的成果还很不稳固，一些违法违规顽疾仍未根治，新的问题时有出现，16号文件的出台，就是具体安排2012年食品安全重点工作，着力解决当前食品安全存在的突出矛盾和问题。

从文件内容看，16号文件作出的部署，都是针对当前人民群众反映强烈、食品安全领域突出的问题而亟需加强的工作，这些工作的安排和部署，针对性强、任务具体、目标明确。

从工作措施看，16号文件更加强调加强集中整治与强化日常监管相结合。加强集中整治，就是要针对食品生产经营链条上的重要环节和消费群体较大的重点品种，通过集中力量、采取联合执法等方式，严厉整治反复出现、易发多发、容易反弹的突出问题。同时，要毫不松懈地抓好日常监管，重点加强执法抽检、法规标准建设等工作，目的就是预防为主、关口前移，设立防火墙，防范系统性风险。

二、食品安全宣传周的概况

为了切实贯彻16号文件，根据《国务院办公厅关于印发2012年食品安全重点工作安排的通知》及《食品安全宣传教育工作纲要(2011—2015年)》的部署，2012年全国食品安全宣传周活动6月11～17日在北京举行。

2012年的全国食品安全宣传周主题为“共建诚信家园，同铸食品安全”。宣传周期间，在全国范围内，各部门、各地区紧紧围绕宣传周活动主题，组织开展了丰富多彩、形式多样、社会广泛参与的宣传教育活动，引导食品从业者牢固树立法律、道德、诚信意识，全面落实食品安全主体责任；推动社会各界积极参与监督，构建食品生产经营者诚信守法的外部约束机制；深入推进食品安全诚信文化建设，大力宣传诚实守信典型，为维护人民群众身体健康、促进社会和谐提供坚实保障。

作为2012年全国食品安全宣传周最重要的活动之一，全国食品安全宣传周启动仪式暨第四届中国食品安全论坛于6月11日在北京举行。论坛由国务院食品安全委员会办公室、工业和信息化部、农业部、商务部、卫生部、国家工商总局、国家质检总局、国家粮食局、国家食品药品监管局、中国科协共同主办，经济日报社、中粮集团承办，中国经济网执行承办。

6月12～20日，农业部、商务部、工信部、卫生部、中国科协、质检总局、粮食局、食品药品监管局、工商总局依次举办了主题活动，通过展览演示、实地观摩、咨询讲座、现场服务、发放资料、在线访谈、启动重大专项、专场新闻发布等形式，系统展示了过去一年的工作进展及未来的目标规划，积极开展了针对食品从业人员、监管队伍的培训指导，主动回应了各自领域食品安全热点问题，广泛深入宣传食品安全科普知识。

三、此次宣传周的两大亮点

在此次宣传周的活动中，笔者认为有两大亮点值得强调：

（一）“油条哥刘洪安”的亮相

刘洪安，32岁，大专学历。毕业后自主创业，在保定市高开区经营一间早餐店，以经营油条为主。他于2012年初得知食用油反复加温会产生有害物质并对人体造成伤害后，便坚持每天使用新的一级大豆色拉油加工油条，绝不再使用复炸油。同时，他在早餐店“刘家豆腐脑”招牌上，做了“己所不欲、勿施于人”、“安全用油、杜绝复炸”的醒目标语，并用一张“明白纸”写上鉴别复炸油的方法，在油锅边上放一把“验油勺”，供顾客随时检验。由于坚决不用“复炸油”，虽然油条价格每斤涨了1元，但顾客“不减反增”，盈利比原来还增加1/4。

6月11日第四届中国食品安全论坛在北京举行，重量级的主办部门、紧密的会议议程、权威的专家学者，这一切都为了一个核心主题“共建诚信家园，同铸食品安全”。当天上午主论坛嘉宾依次发言，11点钟，就在主办方的10位副部级领导发言之后，身穿短袖白衬衫的年轻小伙子刘洪安走到了台前。

在他短短4分钟的演讲过程中，他介绍了他的家庭背景和经商的原则，彰显出一位草根生意人的诚恳与实在。现场的好多人包括各位部长在内都感受到了一种震撼，感到了一种诚恳。“油条哥”的演讲，更让大家对眼下的食品安全有了一些不一样的看法，食品安全领域最核心的问题，那就是诚信、良心与责任。用良心经营，如果无数的企业能像“油条哥”一样，中国的食品安全就会发生翻天覆地的变化。

中央电视台《焦点访谈》、《东方时空》、《朝闻天下》，中央人民广播电台、新华网、人民网等近百家媒体先后对刘洪安诚信经营的事迹进行了专题报道，在社会上引起了强烈反响。刘洪安受到了普遍赞誉，被网民亲切地称为“良心油条哥”。

为进一步弘扬社会正气，营造惩恶扬善、明信知耻的食品生产经营氛围，河北省人民政府食品安全委员会办公室6月16日决定授予刘洪安同志“河北食品诚信经营先进个人”荣誉称号。

（二）卫生部等八部门联合发布《食品安全国家标准“十二五”规划》，全面清理整合现行食品标准

2012年6月11日，卫生部等八部门联合发布《食品安全国家标准“十二五”规划》（以下简称规划），宣布我国将全面清理整合现行食品标准，2015年底前基本完成相关标准的整合和废止工作。

《规划》指出，食品安全国家标准要以食品安全风险评估结果为依据，符合我国国情和食品产业发展实际，适应人民生活水平不断提高的需要，同时要积极借鉴相关国际标准和管理经验，注重标准

的可操作性。

"十二五"期间，重点做好食品中污染物、真菌毒素、致病性微生物等危害人体健康物质限量，农药和兽药残留限量，食品添加剂使用、食品营养强化剂使用，预包装食品标签和营养标签等食品安全基础标准制定、修订工作。

2015 年底前，制定、修订肉类、酒类、植物油、调味品、婴幼儿食品、乳品、水产品、饮料等主要大类食品产品安全标准。同时，制定公布 20 余项食品安全国家标准，基本形成食品生产经营全过程的食品安全控制标准体系。

（三）笔者简评

近年来，我们的执法部门在不断加强日常监管的同时，一直将开展集中整治作为加强食品安全工作的重要手段。实践证明，这是针对当前我国食品安全形势，符合实际、非常必要的做法。由于我国从基本解决温饱问题到追求食品质量安全，食品产业从起步到发展规范，市场经济从搞活繁荣市场到规范市场主体行为，经历的时间还不长，食品安全领域一些需要解决的问题在当前一段时期内比较集中、突出地暴露出来，再加上我们的食品安全监管在体制机制、法规制度、技术能力等方面也还存在许多薄弱环节。在这种情况下，仅靠常规监管难以保障食品安全。因此，我们一方面要促进食品产业素质、企业管理能力、行业自律水平、社会诚信程度的提高；另一方面，从维护人民群众切身利益的目的出发，必须毫不动摇、坚持不懈地开展集中整治，努力解决食品安全中的突出问题。开展集中整治是各级政府加强食品安全工作的具体体现，更离不开广大人民群众的理解、支持和参与，只有多方面共同努力，这项工作才能收到预期效果。

四年来，一方面我们的执法部门在监管工作中下了很大力气，另一方面当前食品安全领域的违法犯罪现象也确实还比较严重。有

些不法分子主观恶意性大，见利忘义、故意采取各类不法手段降低成本、扩大销售；有些违法现象十分顽固，屡打不绝、重复反弹；有些违法手段十分隐蔽，处心积虑地逃避监管。这些违法违规活动是导致食品安全问题的主要原因，人民群众深恶痛绝。前面我们谈到的2012年发生的许多恶性食品安全事件，总是让人非常纠结。

2011年2月全国人大常委会通过的《刑法修正案（八）》，增加了严惩食品安全犯罪活动的内容。这为我们严打食品安全违法犯罪行为提供了有力的法律依据，我们的执法人员应该学习好、贯彻好、运用好这部法律，加强行政执法和刑事司法的衔接，严厉惩处危害人民群众身体健康的害群之马，用法制的威严加大对不法分子的震慑力度。

老话讲，基础不牢，地动山摇。各类食品生产经营者的自身素质、管理能力、自律诚信和守法经营，是食品安全的基础。食品安全的主体责任在生产经营者，发生食品安全问题的根源也在生产经营者。提高我国食品安全水平，归根到底要通过规范食品生产经营活动、提高生产经营者的质量安全管理水平来实现。近年来，我国食品产业发展快速，各类食品从业主体的数量和食品供应总量都有较大增加。但相对于量的扩张，总体上生产经营者在食品安全管理方面并未同步得到应有的加强，有些还出现管理弱化现象，不能很好地执行国家规定的制度、标准和生产经营规范。如果这种状况不能得到改变，食品安全基础薄弱的局面就难以彻底扭转，食品安全形势就难以实现根本好转。

归根到底，还是要不断加大监管力度，通过强化生产经营者的外部约束力，促进其内部自身管理能力稳步提高。这虽然不是一朝一夕之功，却是强基固本之策，是打基础、保长远的工作，务必坚持不懈、持之以恒地抓下去。基层用制度管事，中层用教育管人，高层用文化管心，顶层用信仰管魂。我想我们的主管部门应该在这些方面好好动动心思才对。2011年10月中旬召开的中共十七届六中全会把文化体制的改革问题、文化产业的发展问题作为全会的重点议题，就已经开了一个头，说明高层已经开始重视这些问题。

中央政府的决心是大的，决策是正确的，措施是得力的，打击的力度可以说是空前的，从《中华人民共和国刑法修正案（八）》对食品安全犯罪最高可以判处死刑的规定就可以看出来这一点，关键的问题是能否实实在在地落实到位。结果如何，我们将拭目以待。

四、针对近年来出现的食品安全领域一些“重灾区”，国务院、卫生部等国家相关部委最新的举措

（一）国务院最新的举措——发布“关于加强食品安全工作的决定”

2012年6月23日，国务院发布了“关于加强食品安全工作的决定”（国发〔2012〕20号）。文件指出，食品安全是重大的民生问题，关系人民群众身体健康和生命安全，关系社会和谐稳定。党中央、国务院对此高度重视，近年来制定实施了一系列政策措施。各地区、各部门认真抓好贯彻落实，不断加大工作力度，食品安全形势总体上是稳定的。但当前我国食品安全的基础仍然薄弱，违法违规行为时有发生，制约食品安全的深层次问题尚未得到根本解决。随着生活水平的不断提高，人民群众对食品安全更为关注，食以安为先的要求更为迫切，全面提高食品安全保障水平，已成为我国经济社会发展中一项重大而紧迫的任务。

1. 未来一段时间我国食品安全工作的总体要求

为进一步加强食品安全工作，文件提出了总体要求：坚持统一协调与分工负责相结合，严格落实监管责任，强化协作配合，形成全程监管合力。坚持集中治理整顿与严格日常监管相结合，严厉惩处食品安全违法犯罪行为，规范食品生产经营秩序，强化执法力量和技术支撑，切实提高食品安全监管水平。坚持加强政府监管与落

实企业主体责任相结合，强化激励约束，治理道德失范，培育诚信守法环境，提升企业管理水平，夯实食品安全基础。坚持执法监督与社会监督相结合，加强宣传教育培训，积极引导社会力量参与，充分发挥群众监督与舆论监督的作用，营造良好社会氛围。

2. 未来一段时间我国食品安全工作的工作目标

为进一步加强食品安全工作，文件确立了工作目标：通过不懈努力，用3年左右的时间，使我国食品安全治理整顿工作取得明显成效，违法犯罪行为得到有效遏制，突出问题得到有效解决；用5年左右的时间，使我国食品安全监管体制机制、食品安全法律法规和标准体系、检验检测和风险监测等技术支撑体系更加科学完善，生产经营者的食品安全管理水平和诚信意识普遍增强，社会各方广泛参与的食品安全工作格局基本形成，食品安全总体水平得到较大幅度提高。

3. 进一步健全食品安全监管体系需要做好的三件工作

(1) 完善食品安全监管体制。进一步健全科学合理、职能清晰、权责一致的食品安全部门监管分工，加强综合协调，完善监管制度，优化监管方式，强化生产经营各环节监管，形成相互衔接、运转高效的食品安全监管格局。按照统筹规划、科学规范的原则，加快完善食品安全标准、风险监测评估、检验检测等的管理体制。县级以上地方政府统一负责本地区食品安全工作，要加快建立健全食品安全综合协调机构，强化食品安全保障措施，完善地方食品安全监管工作体系。结合本地区实际，细化部门职责分工，发挥监管合力，堵塞监管漏洞，着力解决监管空白、边界不清等问题。及时总结实践经验，逐步完善符合我国国情的食品安全监管体制。

(2) 健全食品安全工作机制。建立健全跨部门、跨地区食品安全信息通报、联合执法、隐患排查、事故处置等协调联动机制，有效整合各类资源，提高监管效能。加强食品生产经营各环节监管执法的密切协作，发现问题迅速调查处理，及时通知上游环节查明原因、下游环节控制危害。推动食品安全全程追溯、检验检测互认和监管执法等方面的区域合作，强化风险防范和控制的支持配合。健全行政执法与刑事司法衔接机制，依法从严惩治食品安全违法犯罪行为。规范食品安全信息报告和信息公布程序，重视舆情反映，增强分析处置能力，及时回应社会关切。加大对食品安全的督促检查和考核评价力度，完善食品安全工作奖惩约束机制。

（3）强化基层食品安全管理工作体系。推进食品安全工作重心下移、力量配置下移，强化基层食品安全管理责任。乡（镇）政府和街道办事处要将食品安全工作列为重要职责内容，主要负责人要切实负起责任，并明确专门人员具体负责，做好食品安全隐患排查、信息报告、协助执法和宣传教育等工作。乡（镇）政府、街道办事处要与各行政管理派出机构密切协作，形成分区划片、包干负责的食品安全工作责任网。在城市社区和农村建立食品安全信息员、协管员等队伍，充分发挥群众监督作用。基层政府及有关部门要加强对社区和乡村食品安全专、兼职队伍的培训和指导。

4. 在加大食品安全监管力度方面，着力做好四项工作

（1）深入开展食品安全治理整顿。深化食用农产品和食品生产经营各环节的整治，重点排查和治理带有行业共性的隐患和“潜规则”问题，坚决查处食品非法添加等各类违法违规行为，防范系统性风险；进一步规范生产经营秩序，清理整顿不符合食品安全条件的生产经营单位。以日常消费的大宗食品和婴幼儿食品、保健食品等为重点，深入开展食品安全综合治理，强化全链条安全保障措施，切实解决人民群众反映强烈的突出问题。加大对食品集中交易市场、城乡结合部、中小学校园及周边等重点区域和场所的整治力度，组织经常性检查，及时发现、坚决取缔制售有毒有害食品的“黑工厂”、“黑作坊”和“黑窝点”，依法查处非法食品经营单位。

（2）严厉打击食品安全违法犯罪行为。各级监管部门要切实履行法定职责，进一步改进执法手段、提高执法效率，大力排查食品

安全隐患，依法从严处罚违法违规企业及有关人员。对涉嫌犯罪案件，要及时移送立案，并积极主动配合司法机关调查取证，严禁罚过放行、以罚代刑，确保对犯罪分子的刑事责任追究到位。加强案件查处监督，对食品安全违法犯罪案件未及时查处、重大案件久拖不结的，上级政府和有关部门要组织力量直接查办。各级公安机关要明确机构和人员负责打击食品安全违法犯罪，对隐蔽性强、危害大、涉嫌犯罪的案件，根据需要提前介入，依法采取相应措施。公安机关在案件查处中需要技术鉴定的，监管部门要给予支持。坚持重典治乱，始终保持严厉打击食品安全违法犯罪的高压态势，使严惩重处成为食品安全治理常态。

（3）加强食用农产品监管。完善农产品质量安全监管体系，加快推进乡镇农产品质量安全监管公共服务机构建设，开展农产品质量安全监管示范县创建，着力提高县级农产品质量安全监管执法能力。严格农业投入品生产经营管理，加强对食用农产品种植养殖活动的规范指导，督促农产品标准化生产示范园（区、场）、农民专业合作经济组织、食用农产品生产企业落实投入品使用记录制度。扩大对食用农产品的例行监测、监督抽查范围，严防不合格产品流入市场和生产加工环节。加强对农产品批发商、经纪人的管理，强化农产品运输、仓储等过程的质量安全监管。加大农产品质量安全培训和先进适用技术推广力度，建立健全农产品产地准出、市场准入制度和农产品质量安全追溯体系，强化农产品包装标识管理。健全畜禽疫病防控体系，规范畜禽屠宰管理，完善畜禽产品检验检疫制度和无害化处理补贴政策，严防病死病害畜禽进入屠宰和肉制品加工环节。加强农产品产地环境监管，加大对农产品产地环境污染治理和污染区域种植结构调整的力度。

（4）加强食品生产经营监管。严格实施食品生产经营许可制度，对食品生产经营新业态要依法及时纳入许可管理。不能持续达到食品安全条件、整改后仍不符合要求的生产经营单位，依法撤销其相关许可。强化新资源食品、食品添加剂、食品相关产品新品种的安全性评估审查。加强监督抽检、执法检查和日常巡查，完善现场检查制度，加大对食品生产经营单位的监管力度。建立健全食品退市、召回和销毁管理制度，防止过期食品等不合格食品回流食品生产经营环节。依法查处食品和保健食品虚假宣传以及在商标、包装和标签标识等方面的违法行为。严格进口食品检验检疫准入管理，加强对进出口食品生产企业、进口商、代理商的注册、备案和监管。加强食品认证机构资质管理，严厉查处伪造冒用认证证书和标志等违法行为。加快推进餐饮服务单位量化分级管理和监督检查结果公示制度，建立与餐饮服务业相适应的监督抽检快速检测筛查模式。切实加强对食品生产加工小作坊、食品摊贩、小餐饮单位、小集贸市场及农村食品加工场所等的监管。

5. 在落实食品生产经营单位的主体责任方面，需要做好四项工作

（1）强化食品生产经营单位安全管理。食品生产经营单位要依法履行食品安全主体责任，配备专、兼职食品安全管理人员，建立健全并严格落实进货查验、出厂检验、索证验票、购销台账记录等各项管理制度。规模以上生产企业和相应的经营单位要设置食品安全管理机构，明确分管负责人。食品生产经营单位要保证必要的食品安全投入，建立健全质量安全管理体系，不断改善食品安全保障条件。要严格落实食品安全事故报告制度，向社会公布本单位食品安全信息必须真实、准确、及时。进一步健全食品行业从业人员培训制度，食品行业从业人员必须先培训后上岗并由单位组织定期培训，单位负责人、关键岗位人员要统一接受培训。

（2）落实企业负责人的责任。食品生产经营企业法定代表人或主要负责人对食品安全负首要责任，企业质量安全主管人员对食品安全负直接责任。要建立健全从业人员岗位责任制，逐级落实责任，加强全员、全过程的食品安全管理。严格落实食品交易场所开办者、

食品展销会等集中交易活动举办者、网络交易平台经营者等的食品安全管理责任。对违法违规企业，依法从严追究其负责人的责任，对被吊销证照企业的有关责任人，依法实行行业禁入。

（3）落实不符合安全标准的食品处置及经济赔偿责任。食品生产经营者要严格落实不符合食品安全标准的食品召回和下架退市制度，并及时采取补救、无害化处理、销毁等措施，处置情况要及时向监管部门报告。对未执行主动召回、下架退市制度，或未及时采取补救、无害化处理、销毁等措施的，监管部门要责令其限期执行；拒不执行的，要加大处罚力度，直至停产停业整改、吊销证照。食品经营者要建立并执行临近保质期食品的消费提示制度，严禁更换包装和日期再行销售。食品生产经营者因食品安全问题造成他人人身、财产或者其他损害的，必须依法承担赔偿责任。积极开展食品安全责任强制保险制度试点。

（4）加快食品行业诚信体系建设。加大对道德失范、诚信缺失的治理力度，积极开展守法经营宣传教育，完善行业自律机制。食品生产经营单位要牢固树立诚信意识，打造信誉品牌，培育诚信文化。加快建立各类食品生产经营单位食品安全信用档案，完善执法检查记录，根据信用等级实施分类监管。建设食品生产经营者诚信信息数据库和信息公共服务平台，并与金融机构、证券监管等部门实现共享，及时向社会公布食品生产经营者的信用情况，发布违法违规企业和个人"黑名单"，对失信行为予以惩戒，为诚信者创造良好发展环境。

6. 在加强食品安全监管能力和技术支撑体系建设方面，需要做好六项工作

（1）加强监管队伍建设。各地区要根据本地实际，合理配备和充实食品安全监管人员，重点强化基层监管执法力量。加强食品安全监管执法队伍的装备建设，重点增加现场快速检测和调查取证等设备的配备，提高监管执法能力。加强监管执法队伍法律法规、业

务技能、工作作风等方面的教育培训，规范执法程序，提高执法水平，切实做到公正执法、文明执法。

（2）完善食品安全标准体系。坚持公开透明、科学严谨、广泛参与的原则，进一步完善食品、食品添加剂、食品相关产品安全标准的制修订程序。加强食品安全标准制修订工作，尽快完成现行食用农产品质量安全、食品卫生、食品质量标准和食品行业标准中强制执行标准的清理整合工作，加快重点品种、领域的标准制修订工作，充实完善食品安全国家标准体系。各地区要根据监管需要，及时制定食品安全地方标准。鼓励企业制定严于国家标准的食品安全企业标准。加强对食品安全标准宣传和执行情况的跟踪评价，切实做好标准的执行工作。

（3）健全风险监测评估体系。加强监测资源的统筹利用，进一步增设监测点，扩大监测范围、指标和样本量，提高食品安全监测水平和能力。统一制定实施国家食品安全风险监测计划，规范监测数据报送、分析和通报等工作程序，健全食品安全风险监测体系。加强食用农产品质量安全风险监测和例行监测。建立健全食源性疾病监测网络和报告体系。严格监测质量控制，完善数据报送网络，实现数据共享。加强监测数据分析判断，提高发现食品安全风险隐患的能力。完善风险评估制度，强化食品和食用农产品的风险评估，充分发挥其对食品安全监管的支撑作用。建立健全食品安全风险预警制度，加强风险预警相关基础建设，确保预警渠道畅通，努力提高预警能力，科学开展风险交流和预警。

（4）加强检验检测能力建设。严格食品检验检测机构的资质认定和管理，科学统筹、合理布局新建检验检测机构，加大对检验检测能力薄弱地区和重点环节的支持力度，避免重复建设。支持食品检验检测设备国产化。积极稳妥推进食品检验检测机构改革，促进第三方检验检测机构发展。推进食品检验检测数据共享，逐步实现网络化查询。鼓励地方特别是基层根据实际情况开展食品检验检测资源整合试点，积极推广成功经验，逐步建立统筹协调、资源共享的检验检测体系。

（5）加快食品安全信息化建设。按照统筹规划、分级实施、注重应用、安全可靠的原则，依托现有电子政务系统和业务系统等资源，加快建设功能完善的食品安全信息平台，实现各地区、各部门信息互联互通和资源共享，加强信息汇总、分析整理，定期向社会发布食品安全信息。积极应用现代信息技术，创新监管执法方式，提高食品安全监管的科学化、信息化水平。加快推进食品安全电子追溯系统建设，建立统一的追溯手段和技术平台，提高追溯体系的便捷性和有效性。

（6）提高应急处置能力。健全各级食品安全事故应急预案，加强预案演练，完善应对食品安全事故的快速反应机制和程序。加强食品安全事故应急处置体系建设，提高重大食品安全事故应急指挥决策能力。加强应急队伍建设，强化应急装备和应急物资储备，提高应急风险评估、应急检验检测等技术支撑能力，提升事故响应、现场处置、医疗救治等食品安全事故应急处置水平。制定食品安全事故调查处理办法，进一步规范食品安全事故调查处理工作程序。

7. 在完善相关保障措施方面，需要做好三项工作

（1）完善食品安全政策法规。深入贯彻实施食品安全法，完善配套法规规章和规范性文件，形成有效衔接的食品安全法律法规体系。推动完善严惩重处食品安全违法行为的相关法律依据，着力解决违法成本低的问题。各地区要积极推动地方食品安全立法工作，加强食品生产加工小作坊和食品摊贩管理等具体办法的制修订工作。定期组织开展执法情况检查，研究解决法律执行中存在的问题，不断改进和加强执法工作。大力推进种植、畜牧、渔业标准化生产。完善促进食品产业优化升级的政策措施，提高食品产业的集约化、规模化水平。提高食品行业准入门槛，加大对食品企业技术进步和技术改造的支持力度，提高食品安全保障能力。推进食品经营场所

规范化、标准化建设，大力发展现代化食品物流配送服务体系，积极推进餐饮服务食品安全示范工程建设。完善支持措施，加快推进餐厨废弃物资源化利用和无害化处理试点。

（2）加大政府资金投入力度。各级政府要建立健全食品安全资金投入保障机制。中央财政要进一步加大投入力度，国家建设投资要给予食品安全监管能力建设更多支持，资金要注意向中西部地区和基层倾斜。地方各级政府要将食品安全监管人员经费及行政管理、风险监测、监督抽检、科普宣教等各项工作经费纳入财政预算予以保障。切实加强食品安全项目和资金的监督管理，提高资金使用效率。

（3）强化食品安全科技支撑。加强食品安全学科建设和科技人才培养，建设具有自主创新能力的专业化食品安全科研队伍。整合高等院校、科研机构和企业等科研资源，加大食品安全检验检测、风险监测评估、过程控制等方面的技术攻关力度，提高食品安全管理科学化水平。加强科研成果使用前的安全性评估，积极推广应用食品安全科研成果。建立食品安全专家库，为食品安全监管提供技术支持。开展食品安全领域的国际交流与合作，加快先进适用管理制度与技术的引进、消化和吸收。

8. 在动员全社会广泛参与方面，需要做好三项工作

（1）大力推行食品安全有奖举报。地方各级政府要加快建立健全食品安全有奖举报制度，畅通投诉举报渠道，细化具体措施，完善工作机制，实现食品安全有奖举报工作的制度化、规范化。切实落实财政专项奖励资金，合理确定奖励条件，规范奖励审定、奖金管理和发放等工作程序，确保奖励资金及时兑现。严格执行举报保密制度，保护举报人合法权益。对借举报之名捏造事实的，依法追究责任。

（2）加强宣传和科普教育。将食品安全纳入公益性宣传范围，列入国民素质教育内容和中小学相关课程，加大宣传教育力度。充

分发挥政府、企业、行业组织、社会团体、广大科技工作者和各类媒体的作用，深入开展“食品安全宣传周”等各类宣传科普活动，普及食品安全法律法规及食品安全知识，提高公众食品安全意识和科学素养，努力营造“人人关心食品安全、人人维护食品安全”的良好社会氛围。

（3）构建群防群控工作格局。充分调动人民群众参与食品安全治理的积极性、主动性，组织动员社会各方力量参与食品安全工作，形成强大的社会合力。支持新闻媒体积极开展舆论监督，客观及时、实事求是报道食品安全问题。各级消费者协会要发挥自身优势，提高公众食品安全自我保护能力和维权意识，支持消费者依法维权。充分发挥食品相关行业协会、农民专业合作经济组织的作用，引导和约束食品生产经营者诚信经营。

9. 在加强食品安全工作的组织领导方面，需要做好两项工作

（1）加强组织领导。地方各级政府要把食品安全工作摆上重要议事日程，主要负责同志亲自抓，切实加强统一领导和组织协调。要认真分析评估本地区食品安全状况，加强工作指导，及时采取有针对性的措施，解决影响本地区食品安全的重点难点问题和人民群众反映的突出问题。要细化、明确各级各类食品安全监管岗位的监管职责，主动防范、及早介入，使工作真正落实到基层，力争将各类风险隐患消除在萌芽阶段，守住不发生区域性、系统性食品安全风险的底线。国务院各有关部门要认真履行职责，加强对地方的监督检查和指导。对在食品安全工作中取得显著成绩的单位和个人，要给予表彰。

（2）严格责任追究。建立健全食品安全责任制，上级政府要对下级政府进行年度食品安全绩效考核，并将考核结果作为地方领导班子和领导干部综合考核评价的重要内容。发生重大食品安全事故的地方在文明城市、卫生城市等评优创建活动中实行一票否决。完善食品安全责任追究制，加大行政问责力度，加快制定关于食品安

全责任追究的具体规定，明确细化责任追究对象、方式、程序等，确保责任追究到位。

（二）国家相关部委最新的举措

1. 针对学校的食品安全，多部委统一行动，联合出台了五份文件

为了我们的下一代尤其是农村孩子的食品安全，进一步规范对农村义务教育学生营养改善计划实施工作的管理，切实有效地改善农村学生营养健康状况，教育部、中宣部、国家发展改革委、监察部、财政部、农业部、卫生部、审计署、国家工商总局、国家质检总局、国家食品药品监管局、国务院食品安全委员会办公室、共青团中央、全国妇联、全国供销合作总社等十五个部门统一行动，联合出台了五份文件，具体包括：《农村义务教育学生营养改善计划实施细则》、《农村义务教育学生营养改善计划食品安全保障管理暂行办法》、《农村义务教育学校食堂管理暂行办法》、《农村义务教育学生营养改善计划实名制学生信息管理暂行办法》、《农村义务教育学生营养改善计划信息公开公示暂行办法》。

（1）《农村义务教育学生营养改善计划实施细则》中值得关注的六个问题：

第一，成立"全国学生营养办"，负责营养改善计划实施的日常工作。成立全国农村义务教育学生营养改善计划工作领导小组，统一领导和部署营养改善计划的实施。成员单位由教育部、中宣部、国家发展改革委、公安部、监察部、财政部、农业部、卫生部、审计署、国家工商总局、国家质检总局、国家食品药品监管局、国务院食品安全委员会办公室、共青团中央、全国妇联、全国供销合作总社等部门组成。领导小组办公室设在教育部，简称"全国学生营养办"，负责营养改善计划实施的日常工作。

县级政府是学生营养改善工作的行动主体和责任主体，负责营

养改善计划的具体实施。

学校负责具体组织实施，实行校长负责制。建立由学生代表、家长代表、教师代表等组成的膳食委员会。

第二，各有关部门共同参与营养改善计划的组织实施，各司其职，各负其责，其中：

①教育部门要把营养改善计划的实施作为贯彻落实教育规划纲要的重要工作，牵头负责营养改善计划的组织实施。会同有关部门做好实施方案，建立健全管理机制和监督机制。会同财政和审计等部门加强资金监管；会同财政、发展改革等部门加强学校食堂建设，改善学校供餐条件。配合有关部门做好食品安全监管，开展食品安全检查；配合卫生部门开展学生营养健康状况监测评估；配合卫生和食品安全等部门开展营养知识与食品安全宣传教育；

②农业部门负责对学校定点采购生产基地的食用农产品生产环节质量安全进行监管。鼓励和推动农产品生产企业、农民专业合作经济组织向农村学校供应安全优质食用农产品。从生产技术上指导和支持学校开展农产品种植、养殖等生产实践活动；

③工商部门负责供餐企业主体资格的登记和管理，以及食品流通环节的监督管理；

④质检部门负责对食品生产加工企业进行监管，查处食品生产加工中的质量问题及违法行为；

⑤卫生部门负责食品安全风险监测与评估、食品安全事故的病人救治、流行病学调查和卫生学处置；对学生营养改善提出指导意见，制定营养知识宣传教育和营养健康状况监测评估方案；在教育部门配合下，开展营养知识宣传教育和营养健康状况监测评估；

⑥食品药品监管部门负责餐饮服务食品安全监管，会同教育、农业、质检、工商等部门制定不同供餐模式的准入办法，与学校、供餐企业和托餐家庭（个人）签订食品安全责任书，安排专人负责，加强对食品原料采购、贮存、加工、餐用具清洗消毒、设施设备维

护等环节的业务指导和监督管理。组织开展餐饮服务食品安全监督检查、食品安全知识培训。协助查处餐饮服务环节食品安全事故；

⑦食品安全议事协调机构的办事机构负责食品安全保障工作的综合协调。

第三，食品留样问题。每餐次的食品成品必须留样。留样食品应按品种分别盛放于清洗消毒后的密闭专用容器内，并放置于专用冷藏设施中冷藏48小时。

第四，实行学校负责人陪餐制度。学校负责人应轮流陪餐（餐费自理），做好陪餐记录，及时发现和解决营养供餐过程中存在的问题和困难，总结和推广好的经验和做法。

第五，食品安全培训问题。县级有关部门要定期组织食品安全专家通过现场指导、培训等多种形式，增强学校、供餐企业（单位）、托餐家庭（个人）食品安全意识，强化食品安全管理措施，提高应对食品安全事故的能力。有条件的试点县，可将涉及营养改善计划的食品供货商等一并纳入培训。

第六，完善食品安全事故应急处理机制。逐级逐校制订详细的应急预案，明确突发情况下的应急措施，细化事故信息报告、人员救治、危害控制、事故调查、善后处理、舆情应对等具体工作方案，并定期组织演练。

(2)《农村义务教育学生营养改善计划食品安全保障管理暂行办法》中需要关注的四个问题：

第一，各监管部门要依法履行食品安全监管职责，确保生产、采购、贮存、加工、供应等关键环节安全可控：

①食品安全议事协调机构的办事机构负责食品安全保障工作的综合协调；

②农业部门负责对学校定点采购生产基地的食用农产品生产环节质量安全进行监管；

③工商部门负责供餐企业主体资格的登记和管理，以及食品流

通环节的监督管理；

④质检部门负责对食品生产加工企业进行监管，查处食品生产加工中的质量问题及违法行为；

⑤卫生部门负责食品安全风险监测与评估、食品安全事故的病人救治、流行病学调查和卫生学处置；

⑥食品药品监管部门负责餐饮服务食品安全监管，会同教育、农业、质检、工商等部门制定不同供餐模式的准入办法，与学校、供餐企业和托餐家庭（个人）签订食品安全责任书，安排专人负责，加强对食品原料采购、贮存、加工、餐用具清洗消毒、设施设备维护等环节的业务指导和监督管理。组织开展餐饮服务食品安全监督检查、食品安全知识培训。协助查处餐饮服务环节食品安全事故；

⑦教育部门负责学校食品安全管理。督促学校建立健全食品安全管理制度，落实食品安全保障措施，开展食品安全宣传教育。按照规定开展学校食堂食品安全日常自查。配合食品药品监管等部门与学校、供餐企业（单位）和托餐（家庭）个人签订食品安全责任书，并进行食品安全检查。

第二，食堂管理问题。学校食堂由学校自主经营，统一管理，封闭运营，不得对外承包。已承包的，合同期满，立即收回；合同期未满，给予一定的过渡期，由学校收回管理。由社会投资建设、管理的学校食堂，经当地政府与投资者充分协商取得一致后，可由政府购买收回，交学校管理。

第三，从业人员卫生管理要求。实行每日晨检制度。发现有发热、腹泻、皮肤伤口或感染、咽部炎症等有碍食品安全病症的人员，应立即离开工作岗位，待查明原因并将有碍食品安全的病症治愈后，方可重新上岗。

第四，食品留样细节问题。每餐次的食品成品必须留样，并按品种分别盛放于清洗消毒后的密闭专用容器内，放置于专用冷藏设施中冷藏 48 小时。每个品种留样量应满足检验需要，不少于 100

克，并记录留样食品名称、留样量、留样时间、留样人员、审核人员等。

第五，食品安全事故的应急处理。发生学生食物中毒等食品安全事故后，学校应立即采取下列措施：立即停止供餐活动；协助医疗机构救治病人；立即封存导致或者可能导致食品安全事故的食品及其原料、工用具、设备设施和现场，并按照相关监管部门的要求采取控制措施；积极配合相关部门进行食品安全事故调查处理，按照要求提供相关资料和样品；配合有关部门对共同进餐的学生进行排查；与中毒学生家长联系，通报情况，做好思想工作；根据相关部门要求，采取必要措施，把事态控制在最小范围。

学校应在事故发生2小时之内，向当地卫生、教育、食品药品监管等部门报告。不得擅自发布食品安全事故信息。

(3)《农村义务教育学校食堂管理暂行办法》中需要关注的四个问题：

第一，校长负责制。校长是第一责任人，对学校食堂管理工作负总责。建立由校领导、后勤管理部门负责人和食堂管理人员组成的食堂管理工作领导小组，全面负责学校食堂管理。重大开支和重要事项，由集体讨论决定。

第二，建立食品采购索证索票制度。食品采购应严格执行《餐饮服务食品采购索证索票管理规定》。从食品生产单位、批发市场等采购的，应当查验、索取并留存供货者的相关许可证和产品合格证明等文件；从固定供货商或者供货基地采购的，应当查验、索取并留存供货商或者供货基地的资质证明、每笔供货清单等；从超市、农贸市场、个体工商户、农户等采购的，应当索取并留存采购清单等有关凭证，做到源头可控，有据可查。

第三，就餐秩序管理问题。学生就餐时，应落实校领导带班、班主任值班制度，加强就餐秩序的管理，做到安全、文明就餐，避免浪费。

第四，餐用具清洗与消毒问题。按照要求对食品容器、餐用具进行清洗消毒，并存放在专用保洁设施内备用。提倡采用热力方法进行消毒。采用化学方法消毒的必须冲洗干净。不得使用未经清洗和消毒的餐用具。

(4)《农村义务教育学生营养改善计划实名制学生信息管理暂行办法》中需要关注的三个问题：

第一，学生基本信息内容。学生基本信息内容包括：学籍号、姓名、曾用名、性别、出生日期、身份证类型、身份证号、民族、户籍所在地，学校名称、年级名称、班级名称、入学年月、入学方式、就学方式，健康状况、身高、体重，是否为留守儿童、外来务工人员子女、享受“一补”，现住址、监护人姓名、监护人电话，学生照片等信息。

学生的学籍号分学籍主号和学籍辅号。学籍主号为学生的身份证号，身份证重号应到当地公安部门申请修改，无身份证号码的学生学籍主号可用监护人的身份证号。学籍辅号由各省自行制定统一的编制规则，并报全国学生营养办备案。

第二，学校基本信息内容。学校基本信息内容包括：学校代码、学校名称、学校举办者类型、学校驻地城乡类别、学校办学类型，补助标准、供餐模式，学校地址、邮政编码、联系电话、传真、电子邮箱、网站主页地址，校长姓名、固定电话和手机号码。

第三，严格禁止学生信息用于商业用途。未经上级教育部门批准，不得公开、提供、泄露、扩散学生相关信息。对擅自公开、提供、泄露、扩散学生相关信息，造成不良后果的，依法依规严肃处理。

(5)《农村义务教育学生营养改善计划信息公开公示暂行办法》中需要关注的两个问题：

第一，学校应主动公开的信息内容包括：

①营养改善计划实施方案；各项配套管理制度；组织机构与职

责；举报电话、信箱或电子邮箱；

②营养改善计划学期实施进展情况；受助学生人数、姓名、班级等情况；

③营养改善补助收支情况和食堂财务管理情况；学校食堂饭菜价格、带量食谱；

④学校膳食委员会名单及工作开展情况；学校管理人员陪餐情况；

⑤学生和家长关心的热点、难点问题解决情况。

第二，学校公开信息的方式：

学校应为学生、家长或者其他组织获取信息提供便利。定期通过以下一种或者几种方式公开信息：

①学校网站（页）、校园广播、校园信息公告栏，电视、报刊、杂志、相关门户网站，微博、短信、微信等；

②学校的公报（告）、年鉴、会议纪要、简报、致家长公开信、专用手册等；

③学校家长会、教代会、学代会等；

④其他便于公众及时、准确获取信息的方式。

2. 国家食品药品监管局的最新举措

（1）2012 年 6 月 7 日，发布了《关于进一步加强农村餐饮食品安全监管工作的指导意见》（国食药监食［2012］146 号），该文件指出：

①要强化农村学校食堂食品安全监管。地方食品药品监管部门要与教育行政部门加强沟通合作，督促农村各类学校全面落实以校长为第一责任人的学校食堂食品安全责任制，签订餐饮食品安全承诺书，配备专职食品安全管理人员。针对关键环节、重点时段、重点品种，要加强农村学校食堂的日常监管和监督抽验，对发现的问题及时督促整改；要加强对学校周边餐饮服务单位的监管，严防假劣、过期或“三无”食品危害学生身体健康；要督促各类学校严格落实《餐饮服务食品安全操作规范》和《餐饮服务食品采购索证索

票管理规定》，确保采购、贮存、加工、消费等关键环节安全可控；要严查学校食堂加工制作冷荤凉菜，违规采购、贮存和使用亚硝酸盐，违规加工制作豆角；要在地方政府的统一领导下，严格供餐准入，认真做好农村义务教育学生营养改善计划学校食堂食品安全监管各项工作。

②地方食品药品监管部门要进一步加强农村小餐饮和“农家乐”餐饮食品安全监管。地方食品药品监管部门要进一步加强农村小餐饮和“农家乐”餐饮食品安全监管。要严格许可审核，确保小餐饮和“农家乐”满足餐饮食品安全基本条件和要求。省级食品药品监管部门要结合地方实际，进一步明确农村小餐饮和“农家乐”餐饮的准入条件和标准。地方食品药品监管部门要针对农村小餐饮和“农家乐”餐饮食品安全的特点，强化分类监管，提高监管频次，严格从业人员健康、进货查验和索证索票以及就餐场所环境卫生等方面的监管，严格食品安全加工操作行为，规范使用食品添加剂，严禁使用非食用物质加工制作食品。

③要严厉打击农村餐饮食品安全违法犯罪行为。地方食品药品监管部门要依法查处无证经营行为，对经整改可以达到许可条件的，督促其改善条件并依法取得餐饮服务许可证。对经整改仍不符合要求或者拒不整改的，依法进行处理。要严防假冒伪劣食品流入农村餐饮消费环节，对故意提供假冒伪劣酒水、饮料等食品，欺骗、误导消费者的，要加大处罚力度，列入“黑名单”予以公告。对使用非食用物质加工制作食品的，要及时移交司法机关查处。要适时宣传严厉打击农村餐饮食品安全违法犯罪行为的典型案例，有效震慑违法犯罪分子。同时，要以农村重大节庆日、大型集市等为重要时段，以地区特色食品、节庆食品为重点品种，强化农村餐饮食品安全监管工作，严防群体性食物中毒发生。

（2）2012 年 6 月 14 日，发布了《关于加强和创新餐饮服务食品安全社会监督工作的指导意见》（国食药监食［2012］150 号），该文件指出：

①要动员基层群众性自治组织参与餐饮服务食品安全社会监督。要加快建立餐饮服务食品安全协管员、信息员队伍。各级食品药品监管部门要积极争取地方党委、政府支持，积极探索在乡镇政府和街道办事处确定专职或兼职人员作为餐饮服务食品安全协管员，聘任村委会、社区居委会负责人或热心公益服务并有一定组织能力的人员担任餐饮服务食品安全信息员，将监管触角延伸至乡镇（街道）和村居（社区），加快构建基层餐饮服务食品安全监督网络。要积极指导协管员和信息员宣传普及食品安全法律法规和餐饮服务食品安全知识，协助落实餐饮服务食品安全监管各项要求，负责区域内餐饮服务食品安全信息的收集、整理和报告，以及农村集体聚餐备案和指导等。各地要进一步完善餐饮服务食品安全协管员、信息员管理制度，积极争取将协管员、信息员的补助纳入地方财政经费保障范围。

建立健全基层群众参与和体验餐饮服务食品安全监管的工作机制。各级食品药品监管部门要依托基层群众性自治组织，建立健全基层群众参与和体验餐饮服务食品安全监管工作的机制，通过向基层群众宣传介绍餐饮服务食品安全监督执法工作情况，组织参观餐饮服务食品安全示范单位，安排优秀餐饮服务单位介绍食品安全管理工作等，让基层群众通过亲身体验，增强对餐饮服务食品安全的信心。要逐步将基层群众参与和体验餐饮服务食品安全监管工作制度化、规范化，并通过规范执法、科学执法和文明执法，积极争取广大基层群众对餐饮服务食品安全的关心和支持，巩固和扩大餐饮服务食品安全社会监督的群众基础。

②鼓励社会团体参与餐饮服务食品安全社会监督，充分发挥相关行业协会、学术团体作用。充分发挥相关行业协会、学术团体作用。各级食品药品监管部门要积极探索建立与餐饮服务食品安全相关行业协会、学术团体间的沟通合作机制，充分发挥行业协会、学

术团体在餐饮服务食品安全社会监督中的作用。对制度健全、管理规范、自律性高、作用发挥好的相关行业协会、学术团体，可聘请其参与餐饮服务食品安全的政策宣讲、法律普及、专题调研、课题研究、状况调查、规划制定及专项整治等活动。要积极搭建与消费者权益保护协会沟通交流的平台，借助其在消费权益保护、消费观念引导等方面的优势，共同维护消费者的饮食权益。

③支持新闻媒体参与餐饮服务食品安全社会监督。完善餐饮服务食品安全信息发布机制。各级食品药品监管部门要建立健全餐饮服务食品安全日常监管信息发布制度，针对社会舆论普遍关注的餐饮服务食品安全热点问题，按照科学、客观、透明、有序的要求，加强与社会公众和新闻媒体的交流，适时发布餐饮服务食品安全监管信息，主动接受社会监督，增强社会消费信心。

建立与媒体的沟通合作机制。各级食品药品监管部门要加强与新闻主管部门的沟通与协调，建立与媒体的沟通合作机制，为各类媒体有序、规范参与餐饮服务食品安全监督创造有利条件。要通过通气会、座谈会、现场调研等方式，积极向相关媒体记者介绍餐饮服务食品安全专业知识，进一步增强舆论监督的针对性、准确性和客观性。可邀请媒体共同参与食品安全法律、法规以及食品安全标准和知识的公益宣传，对违法违规行为进行舆论监督。鼓励与当地新闻主管部门联合开展年度餐饮服务食品安全好新闻评选等活动，更好地调动媒体参与餐饮服务食品安全社会监督的积极性和创造性。

建立舆情分析和快速反应机制。各级食品药品监管部门要高度重视广播、电视、报纸、网络等各类媒体有关餐饮服务食品安全的报道，加强舆情分析，从媒体报道中及时发现监管线索，及时开展情况核实，依法进行处理，及时将核查和处理情况向社会公开，对不实信息及时予以澄清。

④鼓励社会各界人士依法参与餐饮服务食品安全社会监督。积极为人大代表、政协委员开展监督创造有利条件。各级食品药品监

管部门要建立定期或不定期听取人大代表、政协委员对餐饮服务食品安全监管工作的意见和建议的工作机制。可通过地方人大、政协常委会邀请人大代表、政协委员参与餐饮服务食品安全专题调研、视察活动等方式，为人大代表、政协委员依法参与餐饮服务食品安全监督提供必要的条件。要高度重视人大代表、政协委员的意见和建议，认真研究，及时办理。

充分动员有关专业人士参与餐饮服务食品安全社会监督。各级食品药品监管部门要主动邀请和动员食品安全领域的专家、学者、法律工作者等专业人士参与餐饮服务食品安全社会监督，对餐饮服务食品安全监管工作提出意见和建议。要积极将参与餐饮服务食品安全社会监督的专家、学者、法律工作者等专业人士纳入餐饮服务食品安全专家委员会或专家库，充分发挥专业人士的作用。

拓宽餐饮服务食品安全投诉举报渠道。各级食品药品监管部门要积极创造条件，争取地方政府支持，加大资金投入，加快投诉举报机构和队伍建设。在信件、走访等传统受理方式的基础上，进一步完善12331全国食品监管部门投诉举报电话网络，通过建立投诉举报网站、设立电子举报信箱、开设网络留言板、开通移动终端平台等方式，为群众投诉举报违法行为提供更加便利、通畅、有效的渠道。建立并落实有奖举报制度，鼓励社会各界举报餐饮服务食品安全违法违规行为，提高社会公众参与餐饮服务食品安全监督的积极性和创造性。

（3）2012年6月21日，发布了《关于做好农村义务教育学生营养改善计划餐饮服务食品安全监管工作的指导意见》（国食药监食［2012］160号），文件指出：

①要全面摸底排查学校食堂食品安全隐患。有关地区食品药品监管部门要与教育行政部门密切配合，抓紧对辖区内实施营养改善计划的学校食堂食品安全状况开展全面排查，摸清底数，并建立监管信用档案。对未办理餐饮服务许可的学校食堂，要责令立即停止

供餐，督促其尽快办理；对达不到要求的学校食堂，要责令其立即整改；对新建、改建的食堂，要加强设计施工过程中的技术指导，使新建、改建食堂符合餐饮服务许可要求。食品药品监管部门要及时将排查情况上报当地政府和上级主管部门。

②强化餐饮服务食品安全监督检查。有关地区食品药品监管部门要会同教育、农业、质监、工商等部门，按照职责分工，与学校食堂、供餐企业和托餐家庭签订餐饮服务食品安全责任书，进一步明确主体责任。紧密结合餐饮服务食品安全工作重点，对实施营养改善计划的学校食堂、供餐企业和托餐家庭开展监督检查和监督抽检，重点检查餐饮服务许可、管理制度落实、从业人员健康检查与培训、设施设备配置、原料采购、加工制作、餐用具清洗消毒和分餐配送等重要环节。要加强对实施营养改善计划学校食堂的监管，落实以校长为第一责任人的学校食堂食品安全责任制。凡是未办理餐饮服务许可的食堂，一律立即停止供餐；凡是餐饮服务食品安全管理制度不落实的，一律责令限期整改；凡是存在违法违规行为的，一律从严从重惩处；凡是存在较大安全隐患，可能导致发生食品安全事故的，建议地方政府取消其供餐资格。

有关地区食品药品监管部门要加大对实施营养改善计划学校食堂、供餐企业和托餐家庭的监督检查和监督量化等级的评定工作频次，严格落实监督检查结果报告、通报制度和公示制度，及时将监督检查结果上报当地政府，通报教育行政部门，如实报告、通报存在的问题，并提出解决建议。督促学校充分利用农村中小学校舍改造的契机，加大农村学校食堂食品安全保障设施设备投入，切实改善学校食堂的供餐条件，达到餐饮服务许可的标准和要求。

五、小结

本章着重介绍了 2012 年我国在食品安全问题上采取的一系列

举措：

第一，对国务院公布的《2012年食品安全重点工作安排》做了一些解读并谈了笔者自己的一些体会；

第二，简单介绍了2012年食品安全宣传周的相关情况，突出介绍了此次食品安全宣传周笔者自认为出彩的两大亮点事件；

第三，针对近年来出现的食品安全领域一些“重灾区”，介绍了国务院、卫生部等国家相关部委最新的举措。

本章涉及的规范性文件非常多，笔者只是就自己认为的重点做了一些介绍，以便大家更好地去查阅这些规范性文件。文中阐述的观点仅代表笔者的一家之言，期望得到大家的共鸣。

第八章
行政执法机关在食品安全管理执法过程中应该注意的一些问题

一、《中华人民共和国行政强制法》的立法背景

《中华人民共和国行政强制法》（以下简称行政强制法）已经于2012年1月1日开始正式实施了。这部法律从1999年3月开始起草，到2011年6月30日第十一届全国人民代表大会常务委员会第二十一次会议通过，历时12年3个月。《行政强制法》是继《中华人民共和国行政处罚法》、《中华人民共和国行政复议法》、《中华人民共和国行政许可法》等之后又一部规范政府行为的重要法律，是行政法体系的重要组成部分。

从本法的内容看，《行政强制法》试图在保障行政机关依法履行职责与保护行政相对人合法权益之间寻求平衡。这对保障和监督行政机关严格依法履行职责，提高行政效率，维护公共利益和社会秩序，保护公民、法人和其他组织的合法权益具有重要意义。

二、相关法律条款的解读

《行政强制法》共有七章，七十一个条款。

（一）《行政强制法》第一章总则八条，着重强调了三个问题：

1. 如何理解行政强制法两个最基本的概念——“行政强制措施”和“行政强制执行”

（1）法律规定

《行政强制法》第二条规定：“本法所称行政强制，包括行政强制措施和行政强制执行。行政强制措施，是指行政机关在行政管理过程中，为制止违法行为、防止证据损毁、避免危害发生、控制危险扩大等情形，依法对公民的人身自由实施暂时性限制，或者对公民、法人或者其他组织的财物实施暂时性控制的行为。行政强制执行，是指行政机关或者行政机关申请人民法院，对不履行行政决定的公民、法人或者其他组织，依法强制履行义务的行为。”

（2）解读

这一条是本法所有内容的基础，解释了本法两个最基础的最基本的概念——“行政强制措施”和“行政强制执行”的定义、特征（见表8－1）。定义如前所述。

表8－1　　比较两个概念的区别

	行政强制措施	行政强制执行
实施的主体	行政机关	有强制执行权的行政机关或者人民法院
适用的时间	行政管理过程中	行政裁决文书生效之后
适用的情形	制止违法行为、防止证据损毁、避免危害发生、控制危险扩大等四种情形	公民、法人或者其他组织不履行行政决定
适用的对象	人身、财物	公民、法人或者其他组织
期限	暂时的	比较长

2. 关于“行政强制的设定和实施”原则问题

（1）法律规定

《行政强制法》第三条规定："行政强制的设定和实施，适用本法。

发生或者即将发生自然灾害、事故灾难、公共卫生事件或者社会安全事件等突发事件，行政机关采取应急措施或者临时措施，依照有关法律、行政法规的规定执行。

行政机关采取金融业审慎监管措施、进出境货物强制性技术监控措施，依照有关法律、行政法规的规定执行。"

第四条规定："行政强制的设定和实施，应当依照法定的权限、范围、条件和程序。"

第五条规定："行政强制的设定和实施，应当适当。采用非强制手段可以达到行政管理目的的，不得设定和实施行政强制。"

（2）解读

《行政强制法》第三条至第五条说的是"行政强制的设定和实施"原则，强调了行政强制的设定只能由有关的法律、行政法规（少部分可由地方法规）来规定，排除了部门规章和地方政府规章的设定权。

国务院2011年8月14日发布了"关于贯彻实施《中华人民共和国行政强制法》的通知"（国发〔2011〕25号），《通知》要求各省、自治区、直辖市人民政府，国务院各部委、各直属机构，根据行政强制法的规定，现行有关行政强制的规定与行政强制法不一致的，都要修改或者废止。国务院各部门要抓紧对自己负责执行的行政法规中有关行政强制的规定进行梳理，对需要修改或者废止的提出处理意见，于2011年9月底前送国务院法制办。各地区、各部门要抓紧组织力量，对规章和规范性文件开展一次专项清理。规章、规范性文件存在设定行政强制措施或者行政强制执行，对法律、法规规定的行政强制措施的对象、条件、种类作扩大规定，与行政强制法规定的行政强制措施实施程序或者行政强制执行程序不一致等情形的，要及时予以修改或者废止；确需保留的，要依法及时上升为法律、法规。规章和规范性文件的清理工作要在2012年1月1日前全部完成，并向社会公布清理结果。凡与行政强制法不一致的有关行政强制的规定，自行政强制法实施之日起一律停止执行。

到目前为止，已经有部分国家部委根据《行政强制法》的规定，修改自己的部门规章，以求合法；但还没有看到媒体报道有省级人大常委会、地方省级人民政府根据《行政强制法》的规定，修改自己的地方性法规和地方政府规章，以求符合法律规定。可以推测，在未来的一段时间里，在地方行政机关的行政执法过程中，违反《行政强制法》的行为肯定会时有发生。

3. 公民、法人或者其他组织在行政机关行政执法过程中依法享有的权利

（1）法律规定

《行政强制法》第八条规定："公民、法人或者其他组织对于行政机关所实施的行政强制，享有陈述权、申辩权；有权依法申请行政复议或者提起行政诉讼；因行政机关违法实施行政强制受到损害的，或者因人民法院在强制执行中有违法行为或者扩大强制执行范围受到损害的，有权依法要求赔偿。"

（2）解读

这一条对公民、法人或者其他组织在行政机关行政执法过程中依法享有的权利做了详细规定，可以分为三个层次：

第一个层次：公民、法人或者其他组织在行政机关实施行政强制的过程中，如果有异议，依法享有陈述权、申辩权。行政机关必须依法保障公民、法人或者其他组织充分行使这两项权利。

第二个层次：当行政机关做出行政强制决定时，如果公民、法人或者其他组织不服，他们有权依法向上级行政机关申请行政复议或者直接向有管辖权的人民法院提起行政诉讼。还有一种情况是，公民、法人或者其他组织在向上级行政机关申请行政复议后，上级行政机关做出了行政复议决定，此时如果公民、法人或者其他组织

不服该行政复议决定，可以依法向有管辖权的人民法院提起行政诉讼。

第三个层次：公民、法人或者其他组织因为行政机关违法实施行政强制受到损害的或者因为人民法院在强制执行中有违法行为或者扩大强制执行范围受到损害的，有权依法要求赔偿。

赔偿的方式可以是：双方协商、行政和解（或调解）、行政诉讼。

（二）《行政强制法》第二章行政强制的种类和设定总共七条，着重讲了行政强制措施的种类、设定、行政强制执行的方式。有三个法条是需要我们的行政执法人员注意的：

4. 关于行政强制措施的种类

（1）法律规定

《行政强制法》第九条规定了行政强制措施的种类：“（1）限制公民人身自由；（2）查封场所、设施或者财物；（3）扣押财物；（4）冻结存款、汇款；（5）其他行政强制措施。”

（2）解读

前四种很好理解，第五种是一个兜底条款，便于给以后的进一步立法留下一定的空间。

5. 行政强制措施的设定问题

（1）法律规定

《行政强制法》第十条规定：“行政强制措施由法律设定”。第十一条强调了：“法律中未设定行政强制措施的，行政法规、地方性法规不得设定行政强制措施。”

（2）解读

行政强制法改变了过去的立法理念和方式，排除了行政法规、地方性法规对行政强制措施的设定权。这也就导致了现有的许多行政法规、地方性法规与行政强制法相冲突，使得行政法规、地方性法规的修订工作变得迫在眉睫。

6. 关于行政强制执行的方式

（1）法律规定

《行政强制法》第十二条规定了行政强制执行的方式：（1）加处罚款或者滞纳金；（2）划拨存款、汇款；（3）拍卖或者依法处理查封、扣押的场所、设施或者财物；（4）排除妨碍、恢复原状；（5）代履行；（6）其他强制执行方式。

（2）解读

该法律条款中所谓的“代履行”就是行政机关或者法院在公民、法人、其他组织不履行生效法律文书所确定的义务的情况下，代替公民、法人、其他组织履行生效法律文书所确定的义务，例如排除障碍、强制拆除等，并向他们征收必要费用的强制执行措施。需要注意的是：对于不能够由他人替代的义务和不作为义务，特别是与人身有关的义务，不能适用代履行。

该法律条款中“其他强制执行方式”的表述也是一个立法技巧，是一个兜底条款，给以后的相关立法留下了法律空间。

（三）《行政强制法》第三章行政强制措施实施程序，总共十八条：

7. 行政强制措施权的委托问题

（1）法律规定

《行政强制法》第十七条规定：“行政强制措施由法律、法规规定的行政机关在法定职权范围内实施。行政强制措施权不得委托。

依据《中华人民共和国行政处罚法》的规定行使相对集中行政处罚权的行政机关，可以实施法律、法规规定的与行政处罚权有关的行政强制措施。

行政强制措施应当由行政机关具备资格的行政执法人员实施，其他人员不得实施。”

（2）解读

①本条第一款规定：“行政强制措施由法律、法规规定的行政机关在法定职权范围内实施。行政强制措施权不得委托”。

在《行政强制法》这部法律未出台之前，在地方，有些行政机关内设的机构越权做事的现象屡见不鲜。

在最基层的县、市这一级，有行政执法权的主体一般是科局级单位，比如说卫生局、工商局、建设局（建委）等。多年前，笔者曾经代理过一个行政案件，一个县级市建委下面的建筑工程质量监督站用自己的名义对一个房地产开发公司下发了一个行政处罚通知书，要罚这家公司30万元，处罚通知书上面盖着建筑工程质量监督站的公章。

笔者当时是这家公司的常年法律顾问，公司老总问笔者怎么处理这件事？我当时和这个老总开了一个玩笑说：“你如果惹不起他们，就给他们30万元不就行了吗？反正你有钱”。但这个老总跟我说，他这个钱给的太冤枉，不明不白，他不甘心。我告诉他，让他放心：其一，这个所谓的建筑工程质量监督站根本就不具备罚款的主体资格；其二，下发的行政处罚通知书里所引用的法律依据在那个被引用的条例里根本就没有，而是在另一个条例里；其三，因为罚款的数额太大，依据《行政处罚法》的规定，公司可以要求听证，撤销这个违法的行政处罚，从法律的层面能干净彻底地解决这个问题。他一听我说这个话，放心了。

随后，我代替这个房地产公司向建筑工程质量监督站提出了听证的要求，要求就这个行政处罚举行听证。接下来奇怪的事情就更多了：

第一，质监站他们从来就没有搞过听证这样的事情，负责人问我怎么办？我说我不知道。

第二，听证过程中存在两个焦点问题：一是他们质监站是否有行政处罚权？二是行政处罚的依据是否合法？

就第一个问题，质监站负责人说省里有文件，授权给他们的。我要他们出示文件，最后他们拿不出来。就第二个问题，质监站负责人说肯定有法律依据，可查来查去，也没有查到那个行政处罚的依据。最后质监站负责人自己都有些不好意思了，主动表示把处罚通知书撤销。

我保护顾问单位——房地产开发企业的目的达到了。在这个案件里，建筑工程质量监督站在没有法律法规规定的授权的情形下，越权做出的行为很显然是不妥当的。

基层的情况是这样，是不是级别高一些的行政机关不会出现类似的问题呢？不一定。

湖北省曾经发生过一件事，某工商局要对某建筑公司的非法转包行为进行处罚，工商局处罚的依据是《中华人民共和国建筑法》第七十六条第一款的规定："有关部门有权对建筑领域转包行为进行处罚"。工商局认为这里的"有关部门"包括他们，但企业不认可这种说法。双方打起了行政诉讼官司。

我们说作为工商局，虽然说建筑企业的营业执照归你发，但你的管辖范围是在市场的流通领域，不包括建筑工程这些专业性非常强的领域。这个案件最后一直告到最高人民法院。最高人民法院经过研究，在征求国务院法制办公室的意见后，给湖北省高级人民法院下了一个批复："《中华人民共和国建筑法》第七十六条第一款中的'有关部门'指的是铁路、交通、水利等专业建设工程主管部门，不包括工商行政管理部门。除根据该条第二款吊销营业执照外，工商行政管理部门查处非法转包建筑工程行为缺乏法律依据"。这个案件才算尘埃落定。

这是本条第一款引申出来的话题。

②本条第三款规定："行政强制措施应当由行政机关具备资格的行政执法人员实施，其他人员不得实施。"

据媒体报道，2008 年 5 月开始，湖南省某市做出了组建"市容环卫监督员”队伍的决定，为了治理城市脏、乱、差，一股处罚之风盛行某市街头。自2008年5月10日～8月5日近3个月时间里，该市×××区市容环卫监督员上岗人数18299人次，罚款127560元。“我们的基本工资每月只有500元，收取的罚款有40%～50%的提成。”一名环卫监督员说。

2011年9月9日，湖北省×××市2000名市容监督员正式上街巡查，对市民的乱扔垃圾、乱穿马路等不文明行为进行劝阻制止，并对情节严重者处以10～100元不等的罚款。该市城管局负责人介绍，市容监督员发现违规行为后，可上前阻拦并出示岗位证和处罚通告，按规定处罚后给当事人开具处罚票据。当事人拒不接受处罚的，由城管队员和公安干警依法进行处理。

2012年1月1日以来，湖南省×××市招聘了1100名市容环境监督员，专盯乱吐痰、乱扔垃圾、乱穿马路等不文明行为。经过1个月的试行期，从2月1日起，市容环境监督员开始协助城管进行处罚。2月1日至5日，×××市共有7553人次受罚，罚款金额为137405元。

2012年6月29日，湖南省×××市人民政府发布了《×××市人民政府关于进一步规范市民日常行为的通知》（市政发［2012］8号），根据这个通知，全市总共招聘1000名监督员，从8月1日开始上岗，每个区各分配了几百名，分别由每个社区的街道办事处统一管理。这些监督员在各自的岗位上代替城管进行执法。

记者采访时，在一处路口的拐角，追到一个“墨镜男”，查验其胸口工作牌得知，对方为“市容监督员”，来自“×××街道办事处”，当记者质疑“你们是否有执法权”时，几名工作人员随后四散而去。记者发现，这群人大多年龄在40～60岁之间，都未穿制服。

根据《行政强制法》第十七条第三款的规定，这些市容监督员的执法资格并不合法。地方人民政府促进城市文明的想法是对的，但不能以牺牲依法行政为代价，管理城市还得靠“法”而不是靠“罚”。

同时，根据《行政处罚法》的规定，作出罚款决定的行政机关应当与收缴罚款的机构分离，除了依法给予20元以下的罚款或者不当场收缴事后难以执行的情形可以现场收缴罚款之外，其他情形均应由当事人在收到行政处罚决定后自行前往银行缴纳罚款。所有罚款均应上缴国库，而不能由处罚机关擅自挪用。

另外，依据相关的规定，一般情况下行政机关的执法人员都有执法证，他们执法时都必须要出示执法证。但在现实生活中经常出现前面所说的“市容监督员上街执法”现象，还有“城管执法大队的协管员单独执法”、基层派出所的“协管员、招聘的治安员执法问题”等等现象，这些显然都是不符合《行政强制法》规定的。笔者希望在《行政强制法》正式实施以后，这样的现象越来越少。

8. 行政机关的执法人员在一般情况下和紧急情况下实施行政强制措施应当遵守的程序和规定

（1）法律规定

①《行政强制法》第十八条规定：“行政机关实施行政强制措施应当遵守下列规定：

（一）实施前须向行政机关负责人报告并经批准；

（二）由两名以上行政执法人员实施；

（三）出示执法身份证件；

（四）通知当事人到场；

（五）当场告知当事人采取行政强制措施的理由、依据以及当事人依法享有的权利、救济途径；

（六）听取当事人的陈述和申辩；

（七）制作现场笔录；

（八）现场笔录由当事人和行政执法人员签名或者盖章，当事人拒绝的，在笔录中予以注明；

（九）当事人不到场的，邀请见证人到场，由见证人和行政执法人员在现场笔录上签名或者盖章；

（十）法律、法规规定的其他程序。”

②《行政强制法》第十九条规定：“情况紧急，需要当场实施行政强制措施的，行政执法人员应当在二十四小时内向行政机关负责人报告，并补办批准手续。行政机关负责人认为不应当采取行政强制措施的，应当立即解除。”

③《行政强制法》第二十条规定：“依照法律规定实施限制公民人身自由的行政强制措施，除应当履行本法第十八条规定的程序外，还应当遵守下列规定：

（一）当场告知或者实施行政强制措施后立即通知当事人家属实施行政强制措施的行政机关、地点和期限；

（二）在紧急情况下当场实施行政强制措施的，在返回行政机关后，立即向行政机关负责人报告并补办批准手续；

（三）法律规定的其他程序。

实施限制人身自由的行政强制措施不得超过法定期限。实施行政强制措施的目的已经达到或者条件已经消失，应当立即解除。”

（2）解读

上述三条法条阐述了行政机关的执法人员在一般情况下和紧急情况下实施行政强制措施应当遵守的程序和规定。但在现实生活中，经常会出现一些情况，比如，某些行政机关的某些执法人员一个人穿着制服就去现场执法的、不出示执法证件的、紧急情况下实施行政强制措施后拖延报告并补办手续的等等，比比皆是。随着《行政强制法》的实施，我们许多一线执法人员亟需认真学习该部法律，以提高自身的执法素质，改变以前的不规范的做法。

《行政强制法》第二十条第二款说：“实施限制人身自由的行政强制措施不得超过法定期限”。这句话的含义很模糊，到目前为止，关于行政强制多长时间属于“法定期限”，没有规定。亟需相关部门出台细则来加以明确。

9. 什么样的人才有权行使“查封、扣押”权

(1) 法律规定

①《行政强制法》第二十二条规定：“查封、扣押应当由法律、法规规定的行政机关实施，其他任何行政机关或者组织不得实施。”

②《行政强制法》第七十条规定：“法律、行政法规授权的具有管理公共事务职能的组织在法定授权范围内，以自己的名义实施行政强制，适用本法有关行政机关的规定。”

(2) 解读

根据后法优于前法的立法原则，这两个法条修改了《行政许可法》第十八条的规定。

按照《行政许可法》第十八条规定：“行政机关依照法律、法规（包括行政法规、地方性法规）或者规章（包括部门规章、地方政府规章）的规定，可以在其法定权限内委托符合本法第十九条规定条件的组织实施行政处罚。行政机关不得委托其他组织或者个人实施行政处罚。委托行政机关对受委托的组织实施行政处罚的行为应当负责监督，并对该行为的后果承担法律责任。受委托组织在委托范围内，以委托行政机关名义实施行政处罚；不得再委托其他任何组织或者个人实施行政处罚”。

《行政强制法》第十九条规定：“受委托组织必须符合以下条件：(一) 依法成立的管理公共事务的事业组织；(二) 具有熟悉有关法律、法规、规章和业务的工作人员；(三) 对违法行为需要进行技术检查或者技术鉴定的，应当有条件组织进行相应的技术检查或者技术鉴定。”

根据这两条的规定，地方性法规或者规章授权的具有管理公共事务职能的组织在其授权范围内是可以以委托的行政机关的名义实施相关的行政强制措施的。

但根据《行政强制法》第二十二条的规定和第七十条的规定，从 2012 年 1 月 1 日起，地方性法规或者规章（包括部门规章和地方

政府规章）授权的具有管理公共事务职能的组织不能以委托的行政机关的名义实施查封、扣押等强制措施了。

10. 行政机关在行使“查封、扣押”权时应该注意的问题

（1）法律规定

《行政强制法》第二十三条规定：“查封、扣押限于涉案的场所、设施或者财物，不得查封、扣押与违法行为无关的场所、设施或者财物；不得查封、扣押公民个人及其所扶养家属的生活必需品。

当事人的场所、设施或者财物已被其他国家机关依法查封的，不得重复查封。”

（2）解读

在这个法律条款里面有三个问题是需要注意的：

第一，“与违法行为无关”，这个问题在许多情况下是很难界定的。比如公安机关去抓赌，通常的情况下，公安人员会把现场所有人员身上的钱财搜得精光，而不分哪些人员是参加赌博的，哪些人员是没有参加赌博的，先扣押下来再说。这种做法本身是否合法是值得推敲的，但许多情况下公安机关就是这样做的。

第二，“公民个人及其所扶养家属的生活必需品”，这是一个模糊概念，弹性非常大。尤其是“生活必需品”这个概念，有些东西对经济条件稍微好一点的公民来说，是他的生活必需品，但对经济条件差一点的公民来说就不一定是生活必需品。比如，化妆品、高档衣服等一些日常的用品。怎么去把握这个标准就很困难。再比如，房屋问题，到目前为止，只有最高人民法院有一个司法解释，明确规定：如果当事人只有一处住房，而且不是别墅的话，法院在审理案件过程中、执行案件过程中是不能查封的，那么《行政强制法》是否也采用这个标准，从公布的《行政强制法》的条文里看不出这一点。

第三，“当事人的场所、设施或者财物已被其他国家机关依法查封的，不得重复查封”，这一点和目前的司法实践有所不同。在通常

的情况下，不同地方的法院对同一个当事人的场所、设施或者财物，尤其是财物是可以重复查封的。有一个法律专业术语叫“查封轮候”。当前一个法院对当事人的财物解封后，后一个法院接着查封，当事人对自己的财产是不能动用、处分的。在行政强制法中，如果一个国家机关对当事人的场所、设施或者财物依法实施查封后，别的国家机关就不能再以任何理由对同一个当事人的场所、设施或者财物进行查封。当前一个机关对当事人的财物解封后，后一个国家机关接着查封之前，当事人就有可能对自己的财产进行动用、处分。这实际上给当事人留下了一个可以钻法律空子的地方。

11. 行政机关的保管义务及赔偿责任

（1）法律规定

第二十六条规定：“对查封、扣押的场所、设施或者财物，行政机关应当妥善保管，不得使用或者损毁；造成损失的，应当承担赔偿责任。

对查封的场所、设施或者财物，行政机关可以委托第三人保管，第三人不得损毁或者擅自转移、处置。因第三人的原因造成的损失，行政机关先行赔付后，有权向第三人追偿。

因查封、扣押发生的保管费用由行政机关承担。”

（2）解读

该条第一款规定“对查封、扣押的场所、设施或者财物，行政机关应当妥善保管，不得使用或者损毁；造成损失的，应当承担赔偿责任。”据笔者所知道的情况，在现实生活中，目前这方面的情况非常糟糕。许多行政机关在查封、扣押了当事人的场所、设施或者财物后，尤其是查封、扣押了当事人能够使用的财物后，比如车辆，这些机构的工作人员尤其是某些领导，会把这些车辆当成自己单位的财产，甚至于当成自己的私有财产在使用。以至于本来是一辆崭新的车辆，因为某种原因被行政执法机关扣押后，等到当事人取回时，已经不成样子了。值得庆幸的是，我们的立法机关在立法的过程中，也发现了此类问题，故而通过立法的方式加以禁止，希望《行政强制法》的出台能使得这种情况有所改观。

第三章的其他条款写得非常简单、清楚，有的条款的内容我们在前面已经解释过，这里就不再说了。

（四）《行政强制法》第四章行政机关强制执行程序，总共十九个法条。值得我们关注的条款是：

12. 行政机关作出强制执行决定前的催告义务

（1）法律规定

《行政强制法》第三十五条规定："行政机关作出强制执行决定前，应当事先催告当事人履行义务。催告应当以书面形式作出，并载明下列事项：

（一）履行义务的期限；

（二）履行义务的方式；

（三）涉及金钱给付的，应当有明确的金额和给付方式；

（四）当事人依法享有的陈述权和申辩权。"

（2）解读

该条规定的法律效力和法院在强制执行过程中向当事人送达的强制执行通知书是一样的。其作用也是相同的。这份法律文书起着一个催告的作用，当事人如果按照这份法律文书去做的话，那么行政机关就省事了；当事人如果不按照这份法律文书去做的话，那么就会引发行政机关或者法院的强制执行。

13. 催告书、行政强制执行决定书的送达方式

（1）法律规定

《行政强制法》第三十八条规定："催告书、行政强制执行决定书应当直接送达当事人。当事人拒绝接收或者无法直接送达当事人的，应当依照《中华人民共和国民事诉讼法》的有关规定送达。"

（2）解读

《中华人民共和国民事诉讼法》对“送达”又是怎么规定的呢？我们来看看：

①《民事诉讼法》第七十八条规定：“送达诉讼文书，应当直接送交受送达人。受送达人是公民的，本人不在交他的同住成年家属签收；受送达人是法人或者其他组织的，应当由法人的法定代表人、其他组织的主要负责人或者该法人、组织负责收件的人签收；受送达人有诉讼代理人的，可以送交其代理人签收；受送达人已向人民法院指定代收人的，送交代收人签收。

受送达人的同住成年家属，法人或者其他组织的负责收件的人，诉讼代理人或者代收人在送达回证上签收的日期为送达日期。”这是关于“直接送达”的法律规定。

②《民事诉讼法》第七十九条规定：“受送达人或者他的同住成年家属拒绝接收诉讼文书的，送达人应当邀请有关基层组织或者所在单位的代表到场，说明情况，在送达回证上记明拒收事由和日期，由送达人、见证人签名或者盖章，把诉讼文书留在受送达人的住所，即视为送达。”这是关于“留置送达”的法律规定。

③《民事诉讼法》第八十条规定：“直接送达诉讼文书有困难的，可以委托其他人民法院代为送达，或者邮寄送达。邮寄送达的，以回执上注明的收件日期为送达日期。”这是关于“委托及邮寄送达”的法律规定。

④《民事诉讼法》第八十一条规定：“受送达人是军人的，通过其所在部队团以上单位的政治机关转交。”这是关于“转交送达第一种方式”的法律规定。

《民事诉讼法》第八十二条规定：“受送达人是被监禁的，通过其所在监所或者劳动改造单位转交。受送达人是被劳动教养的，通过其所在劳动教养单位转交。”这是关于“转交送达第二种方式”的法律规定。

⑤《民事诉讼法》第八十四条规定：“受送达人下落不明，或

者用本节规定的其他方式无法送达的，公告送达。自发出公告之日起，经过六十日，即视为送达。公告送达，应当在案卷中记明原因和经过。”这是关于“公告送达”的法律规定。

民事诉讼法规定了“直接送达、留置送达、委托及邮寄送达、转交送达（两种形式）、公告送达”五种方式，根据《行政强制法》第三十八条规定，除了直接送达之外，其他的四种方式行政执法机关也可以用。

14. 行政强制执行协议的人性化问题

（1）法律规定

《行政强制法》第四十二条规定：“实施行政强制执行，行政机关可以在不损害公共利益和他人合法权益的情况下，与当事人达成执行协议。执行协议可以约定分阶段履行；当事人采取补救措施的，可以减免加处的罚款或者滞纳金。

执行协议应当履行。当事人不履行执行协议的，行政机关应当恢复强制执行。”

（2）解读

按照以前的行政立法理念，行政行为是不能调和的。随着时间的推移和社会的进步，立法机关对行政立法采取的态度越来越人性化，越来越注重社会的和谐与稳定。在本法的立法过程中，就充分体现了这个理念。《行政强制法》第四十二条的规定就让我们充分体验到了法律规定的人性化：只要不损害公共利益和他人合法权益，即使是实施行政强制执行，行政机关也可以与当事人达成执行协议。执行协议可以约定分阶段履行；当事人采取补救措施的，可以减免加处的罚款或者滞纳金。当然，如果当事人不履行执行协议的，行政机关同样可以恢复强制执行。

15. 行政执法机关不得采用非法手段强迫当事人履行相关行政决定

（1）法律规定

《行政强制法》第四十三条规定："行政机关不得在夜间或者法定节假日实施行政强制执行。但是，情况紧急的除外。

行政机关不得对居民生活采取停止供水、供电、供热、供燃气等方式迫使当事人履行相关行政决定。"

（2）解读

如前所说，随着社会的进步，我们的立法机关在制定法律的时候越来越人性化，越来越让老百姓感到温暖。但执行起来是不是也能这样呢？就目前笔者所知道的情况而言，不是太乐观。比如，一些地方政府为了所谓的公共利益和城市规划，采取停止供水、供电、供热、供燃气等方式迫使当事人拆迁，于是出现了所谓的"钉子户"、"上访专业户"。

在《行政强制法》立法调研过程中，立法机关也发现了基层执法过程中存在的上述诸多问题。随着《行政强制法》的实施，法律严格禁止行政机关在夜间或者法定节假日实施行政强制执行（特殊情况除外）；严格禁止行政机关对居民生活采取停止供水、供电、供热、供燃气等方式迫使当事人履行相关行政决定。笔者衷心希望在《行政强制法》实施以后，第四十二条、第四十三条的内容能实实在在地得到落实。

（五）《行政强制法》第五章 申请人民法院强制执行，总共八个法条。着重讲了申请法院强制执行的主体、期限；法院对行政机关的行政决定的最终司法审查等事项。

16. 向人们法院申请强制执行的主体和期限问题

（1）法律规定

《行政强制法》第五十三条规定："当事人在法定期限内不申请行政复议或者提起行政诉讼，又不履行行政决定的，没有行政强制执行权的行政机关可以自期限届满之日起三个月内，依照本章规定申请人民法院强制执行。"

（2）解读

这个法条里需要我们大家注意的是向人们法院申请强制执行的主体和期限两个问题。主体——没有行政强制执行权的行政机关；期限——自行政决定期限届满之日起三个月内。

当然，行政机关在申请人民法院强制执行前，还要履行一个程序，就是应当催告当事人履行义务，前面已经说过。这个催告书送达十日后当事人仍未履行义务的，行政机关才可以向所在地有管辖权的人民法院申请强制执行；执行对象是不动产的，应该向不动产所在地有管辖权的人民法院申请强制执行。

17. 行政机关做出的行政决定要接受法院的最终司法审查

（1）法律规定

第五十八条规定："人民法院发现有下列情形之一的，在作出裁定前可以听取被执行人和行政机关的意见：

（一）明显缺乏事实根据的；

（二）明显缺乏法律、法规依据的；

（三）其他明显违法并损害被执行人合法权益的。

人民法院应当自受理之日起三十日内作出是否执行的裁定。裁定不予执行的，应当说明理由，并在五日内将不予执行的裁定送达行政机关。

行政机关对人民法院不予执行的裁定有异议的，可以自收到裁定之日起十五日内向上一级人民法院申请复议，上一级人民法院应当自收到复议申请之日起三十日内作出是否执行的裁定。"

（2）解读

根据现行的行政诉讼法的规定，具有法人资格的国家行政机关做出的行政决定要接受法院的最终司法审查。根据某省高级人民法院相关的统计数字表明，该省法院系统通过行政诉讼程序每年撤销的行政机关作出的行政决定的数量占总数量的30%左右。但对县处级以上人民政府作出的决定基本上没有撤销的。

笔者在和该省高级人民法院的一位领导讨论问题的过程中，他说，现在有些行政单位也很懂法，他们在做出行政决定之前，在拿不准的情况下，通常会征求法院行政庭的意见，像这种情况，老百姓真要起诉到法院来的话，法院通常是维持行政机关的决定的；但有些行政机关不懂法，盲目自大，自己想当然地就做出了某些决定，像这种情况，老百姓真要起诉到法院来的话，法院有时是要撤销行政机关的不恰当或者说是错误的决定的。

（六）《行政强制法》第六章法律责任，总共八个法律条款，这些条款对现实生活中行政机关及其工作人员一些不好的行为规定了处罚措施。第七章附则，三个法律条款。

以上笔者介绍的《行政强制法》的规定都是我们行政执法人员今后在执法过程中必须要注意的地方。从2012年1月1日起，我们的执法人员在食品安全日常监督管理的过程中，就必须依据这部法律的规定执法，否则就会面临违法的风险，就要承担相应的法律责任。

三、小结

本章结合2012年1月1日开始实施的《行政强制法》的内容，介绍了行政执法机关在食品安全管理执法过程中应该注意的一些问题，这些问题都是以前的行政性法律没有规定的；同时介绍了《行政强制法》对现行相关法律条款的修改，希望能引起大家的重视。

第九章 2011年以来最高人民检察院在食品安全管理领域所采取的一系列措施

一、2011年发生的一些食品安全事件

1. 2011年6月据“中国之声”报道，山西醋产业协会一名副会长透露，市场上销售的真正意义上的山西老陈醋不足5%，也就是说，消费者平常购买的老陈醋基本都是醋精勾兑的。

2. 2011年8月中旬，各大媒体竞相报道燕窝门事件中的“血燕”造假问题。

3. 2011年9月5日晚，央视二套（经济频道）“消费主张”栏目（食品安全在行动）报道的假啤酒、山西劣质醋、假味精、假红枣事件。

4. 2011年10月2日央视《每周质量报告》报道陕西查获价值3000万假冒保健品问题，原料竟然含兽药。

5. 2011年11月初警方缴获“毒腐竹”、“毒粉丝”等有害食品43.3吨，涉案销售金额超过2000万元。

6. 2011年11月，国务院食品安全委员会办公室联合公安部重拳出击，打击了横跨13个省的“地沟油”问题。公安部指出，全国

公安机关已查处的涉案企业生产能力总和，不足专家测算的“地沟油”投入食品油市场总量的1/10，这充分说明“地沟油”犯罪还有很大的打击空间。在深圳，公安机关在工作中发现，“地沟油”甚至已流入深圳市某些政府机关的饭堂。

7. 关于假红酒问题，媒体披露的拉菲红酒，北京最高批发价18600多元，有消息披露该酒是在公海上非法灌装的。2011年10月26日《北京晨报》报道，在上海等一些城市娱乐场所，卖假洋酒已是“公开的秘密”。

8. 在外资品牌的超市中，沃尔玛公司由美国零售业的传奇人物山姆·沃尔顿先生于1962年在阿肯色州成立，经过40多年的发展，沃尔玛公司已经成为美国最大的私人雇主和世界上最大的连锁零售商。沃尔玛于1996年进入中国，在深圳开设了第一家沃尔玛购物广场和山姆会员商店。截至2010年8月5日，沃尔玛公司已经在全国20个省的101个城市开设了189家商场。

成立于1959年的家乐福集团是大卖场业态的首创者，是欧洲第一大零售商，世界第二大国际化零售连锁集团。

沃尔玛、家乐福这两家名企的全国连锁店近两年来也被频频曝光存在食品安全问题，而且非常严重。比如，销售质量不合格的肉制品；涂改食品外包装上标注的有效期、生产日期；销售过期食品等。

二、相关主管部门的观点及媒体、笔者对该观点的质疑

（一）相关主管部门的观点

针对这些食品安全问题，国家质检总局某负责人2011年11月13日表示，中国食品安全监督抽查合格率一直保持在90%以上，出口食品在国外的检测合格率也在90%以上。该负责人说，“安全的

食品是生产出来的，不是监管出来的”，食品生产企业当前应加强诚信建设和行业自律。

（二）媒体对该观点的质疑

对该负责人的说法，《羊城晚报》于2011年11月14日发表了一篇文章“安全食品不靠监管，难脱卸责之嫌”，提出了质疑。

文章指出当公众始终还在为“什么能吃什么不能吃”而苦恼的时候，质检总局有关“中国食品安全抽查合格率一直保持在90%以上”的表态，距离公众实际感受确实有些距离。很多网友对这个数据的准确性提出质疑，认为将三聚氰胺、瘦肉精、地沟油等都归入剩下的10%是不合理的。

（三）笔者的观点

笔者倒并不怀疑这个数据的准确性，关键的问题在于合格标准的差异。比如，三聚氰胺、瘦肉精、地沟油等，在引发举国关注之前，根本都不在食品安全标准检测范围之列，合格率高又有什么好奇怪呢？

我们的某些政府官员不能用“合格率一直保持在90%以上”来自吹监管的成功，更不能用此来否认食品安全问题频出的主要原因在于监管缺失。国内食品与出口食品合格率虽然都在90%以上，但是两者意义却完全不一样。国外标准要比我们国内严格得多，但国内食品生产商却同样能够达到。这充分说明，生产技术落后、只能生产低标准的食品，绝不是我们的“特殊国情”。换言之，食品安全屡出问题，不是生产的问题而是监管问题。

不可否认的是，国内食品安全现状较差，主要原因有两个：一个是标准低劣，一个是监管缺失。出口食品90%以上的合格率证明，只要我们制定严格的标准，再辅之以严格的监管，国内食品生产商也完全可以达到标准要求，为消费者生产出安全合格的食品。相反，如果认定“安全的食品是生产出来的，不是监管出来的”，将提高食品安全的希望寄托在诚信建设和行业自律上，那么食品安全绝不可能在监管乏力的情况下自动实现。

显然，质检部门高官“安全食品不是监管出来的”之说，在公众看来难免会有推卸职责的嫌疑。事实上，如果质检部门都没有“食品安全依靠监管”的责任感和使命感，没有“安全的食品是监管出来的”信念，那么90%以上的食品安全合格率就是一桶清亮的地沟油，虽然样样指标都合格，但是后果谁喝谁知道。

如何给民众一个放心的餐桌，政府监管部门的作用不可忽视。而大量事实表明，食品安全监管环节的职务犯罪，是食品安全事件多发的重要原因之一。

三、最高人民检察院对食品安全管理领域存在的问题的态度

最高人民检察院职务犯罪预防厅负责人2011年12月4日接受《法制日报》记者采访时这样说：“在这种情况下（针对前文所介绍的目前我国的食品安全状况），检察机关积极查找食品安全监管环节的体制漏洞和机制问题，全面排查食品安全监管环节职务犯罪风险点，开展食品安全监管环节的职务犯罪预防无疑是一条治本之路。”

最高人民检察院认为，食品安全监管团体犯罪有蔓延趋势。国家食品药品监督管理局原局长郑筱萸因受贿罪和玩忽职守罪获死刑。而在2007～2010年10月间，该局医疗器械司、药品注册司、药品审评中心等多名官员又因贪腐落马。最高人民检察院某负责人直言，食品安全监管环节频繁发生职务犯罪，严重制约和削弱了食品安全监管力度，导致食品安全问题屡禁不止，阻碍了我国食品安全发展进程。

刑法规定的与行政执法有密切联系的贪污罪、受贿罪、玩忽职

守罪、滥用职权罪、徇私舞弊不移交刑事案件罪、食品安全监管渎职罪等，在食品安全监管各环节都有发生。由于食品安全监管工作具有审查环节多，手续复杂，相互监督制约等特点，犯罪分子一人单独实施犯罪越来越困难，团体性犯罪呈蔓延发展趋势。

食品安全监管人员具有国家工作人员身份，其犯罪行为有职务权力的遮掩，具有极强的隐蔽性。此外，因接受当事人贿赂就不履行或不认真履行自己职责，成为行为人渎职的重要动因。

最高人民检察院的相关负责人强调“做好食品安全监管环节职务犯罪预防，能够促进建立健全各项食品安全监管制度，通过制度的执行，使各部门监管人员在本职监管环节中切实履行职责，形成食品安全监管防护链”。

四、最高人民检察院对食品安全管理领域存在的问题采取的对策

（一）2011年度最高人民检察院采取的一系列举措

1. 2011年3月28日，最高人民检察院下发《关于依法严惩危害食品安全犯罪和相关职务犯罪活动的通知》（以下简称通知）

《通知》要求各级检察机关立即排查一批危害食品安全犯罪案件和相关职务犯罪案件的线索，立案侦查一批与食品安全有关的贪污贿赂、失职渎职的职务犯罪案件。

《通知》指出，当前食品安全面临的形势十分严峻，各级检察机关要切实发挥检察职能，与公安机关、法院和行政执法部门密切配合，把打击危害食品安全犯罪摆在突出位置，始终保持对危害食品安全犯罪活动的高压态势。要建立快速反应机制，突出对人民群众反映强烈以及新闻媒体曝光的重点案件的打击。对公安机关正在侦查的重点案件，要在第一时间组织强有力的办案力量依法介入，积

极引导公安机关收集、固定证据；对公安机关提请批捕、移送起诉的案件，要组织精干力量，优先予以办理，及时批捕、起诉。

《通知》要求，各级检察机关要把依法查办国家工作人员在食品安全监督管理和查处危害食品安全犯罪案件中的贪污贿赂、失职渎职犯罪作为当前办理职务犯罪的一个重点。要拓宽案源渠道，从群众举报、媒体报道、街谈巷议等方面发现有关的职务犯罪线索；检察机关内部侦查监督、公诉部门在办理危害食品安全案件时，要注意发现违法犯罪事件背后的行政管理部门和执法、司法机关工作人员收受贿赂、滥用职权、玩忽职守、徇私舞弊等职务犯罪线索，并及时移送反贪污贿赂或反渎职侵权部门立案查处。

《通知》还要求，各级检察机关对涉嫌犯罪但不依法移送或者有案不立、有罪不究、以罚代刑、重罪轻判的，要依法予以监督纠正。要积极走访食品安全行政执法部门，通过联席会议、情况通报、查阅行政执法案件台账和案卷等方式摸排涉嫌犯罪线索，督促行政执法机关向公安机关移送。对应当立案而不立案的，及时启动立案监督程序，并强化跟踪监督，确保案件及时侦查终结，防止案件流失。

《通知》强调，各级人民检察院检察长要高度重视打击危害食品安全犯罪和相关职务犯罪的工作，靠前指挥，果断决策，确保打击的力度、质量、效率和效果。各级检察机关在依法履行法律监督职责的同时，要加强对保障食品安全法律法规的研究，提出打击危害食品安全犯罪和完善食品监管法律制度的建议。要积极参加食品安全综合治理工作，促进社会管理创新。要注意做好网络舆情研判工作，建立健全应对、引导机制，适时向社会通报案件办理情况。

2. 2011年4月，最高人民检察院职务犯罪预防厅又及时下发了《关于加强食品安全监管环节职务犯罪预防工作的通知》

2011年4月，上海“染色馒头”等一批严重危害食品安全事件相继曝光后，最高人民检察院职务犯罪预防厅又及时下发了《关于加强食品安全监管环节职务犯罪预防工作的通知》。最高人民检察院

职务犯罪预防厅在通知中要求全国各级人民检察院强化措施，在食品安全监管领域深入开展职务犯罪预防工作：

做好摸底分析工作，积极开展食品安全监管环节专项预防调查。对发生在食品安全监管环节的职务犯罪案件，要逐案登记、统计分析，全面排查职务犯罪风险点和风险环节；要探寻揭示食品安全领域职务犯罪发生的特点规律、症结原因、有针对性地开展预防工作。预防部门在调查中要注意发现案件线索，及时向侦查部门移送。

要紧密结合当前查处的典型案件，开展同步预防。对查处的每一起食品安全监管环节的职务犯罪案件，做到一案一预防、一案一剖析，深入分析管理层面存在的漏洞，提出完善内部管理的检察建议和预防对策，促进有关部门有效整改，健全完善食品安全监管部门廉政风险防范制度。

切实抓好对监管工作人员的警示教育。要充分利用办案资源，结合犯罪分析和调查研究，通过举办展览、开展预防咨询、上法制教育课等形式，对食品安全监管部门工作人员进行法制宣传和警示教育，通过揭示贪污贿赂、渎职犯罪的严重危害，明晰违法犯罪界限，进一步增强监管工作人员的法制意识、责任意识，筑牢防范职务犯罪的思想防线，提高防腐拒变的能力。

深入查找深层次原因，推进食品安全管理制度创新。要深入分析食品安全领域职务犯罪的特点、规律、成因，重点对多发、易发和诱发职务犯罪的薄弱环节和关键部位及其表现形式加强研究，积极查找食品安全监管环节的体制漏洞和机制问题，从完善制度、严格管理、加强监督等方面，提出治理和防范的对策措施，形成有分析、有对策、高质量的预防调查报告，及时向党委、大人、政府和行业主管、监管部门提出治本性防治对策和检察建议，促进源头治理。

据了解，为了充分发挥职务犯罪预防在食品安全监管中的作用，各地检察机关探索出了许多好经验。例如，2010 年 12 月 23 日，河北省秦皇岛市昌黎县发生多家葡萄酒公司涉嫌生产、销售伪劣干红事件。此后，昌黎县工商行政管理局几名工作人员牵涉其中，被昌黎县人民检察院反渎职侵权局以涉嫌滥用职权罪立案侦查。2011年9月2日此案开庭时，昌黎县检察院牵头组织了县工商、税务、质检等30余个行政执法监管部门人员旁听了庭审。

一些检察机关密切与本地卫生、工商、质检等行业主管、监管部门和纪检监察、公安、法院等行政执法、司法机关的联系沟通，相互通报情况，建立食品安全重大监管事项或重大隐患问题备案通报制度，推动行政执法与刑事司法信息共享平台建设向纵深发展。

一些检察机关评估辖区食品安全监管形势后，针对存在的漏洞发放预警检察建议书，然后根据各单位回复进行跟踪监督检查。

检察机关和食品安全委员会办公室还就食品安全监管职务犯罪预防工作签订责任状，食品安全委员会办公室再和各成员单位签订责任状，力争食品安全监管不发生重大事故，食品安全监管各环节不发生职务犯罪。

（二）2012年最高人民检察院采取的行动

1. 针对“地沟油”案件法律政策界限不明等问题，2012年1月9日，最高人民检察院联合最高人民法院、公安部下发了《关于依法严惩“地沟油”犯罪活动的通知》（以下简称通知）

《通知》明确了“地沟油”犯罪的定义。“地沟油”犯罪是指：用餐厨垃圾、废弃油脂、各类肉及肉制品加工废弃物等非食品原料，生产、加工“食用油”，以及明知是利用“地沟油”生产、加工的油脂而作为食用油销售的行为。

《通知》严格区分了“地沟油”的犯罪界限，要求依法严惩“地沟油”犯罪，切实维护人民群众食品安全，准确把握宽严相济刑事政策在食品安全领域的适用：

（1）对于利用“地沟油”生产“食用油”的，依照《刑法》第一百四十四条生产有毒、有害食品罪的规定追究刑事责任。

（2）明知是利用“地沟油”生产的“食用油”而予以销售的，依照《刑法》第一百四十四条销售有毒、有害食品罪的规定追究刑事责任。认定是否“明知”，应当结合犯罪嫌疑人、被告人的认知能力，犯罪嫌疑人、被告人及其同案人的供述和辩解，证人证言，产品质量，进货渠道及进货价格、销售渠道及销售价格等主、客观因素予以综合判断。

（3）对于利用“地沟油”生产的“食用油”，已经销售出去没有实物，但是有证据证明系已被查实生产、销售有毒、有害食品犯罪事实的上线提供的，依照《刑法》第一百四十四条销售有毒、有害食品罪的规定追究刑事责任。

（4）虽无法查明“食用油”是否系利用“地沟油”生产、加工，但犯罪嫌疑人、被告人明知该“食用油”来源可疑而予以销售的，应分别情形处理：经鉴定，检出有毒、有害成分的，依照《刑法》第一百四十四条销售有毒、有害食品罪的规定追究刑事责任；属于不符合安全标准的食品的，依照《刑法》第一百四十三条销售不符合安全标准的食品罪追究刑事责任；属于以假充真、以次充好、以不合格产品冒充合格产品或者假冒注册商标，构成犯罪的，依照《刑法》第一百四十条销售伪劣产品罪或者第二百一十三条假冒注册商标罪、第二百一十四条销售假冒注册商标的商品罪追究刑事责任。

（5）知道或应当知道他人实施以上第（1）、（2）、（3）款犯罪行为，而为其掏捞、加工、贩运“地沟油”，或者提供贷款、资金、账号、发票、证明、许可证件，或者提供技术、生产、经营场所、运输、仓储、保管等便利条件的，依照本条第（1）、（2）、（3）款犯罪的共犯论处。

（6）对违反有关规定，掏捞、加工、贩运“地沟油”，没有证据证明用于生产“食用油”的，交由行政部门处理。

（7）对于国家工作人员在食用油安全监管和查处“地沟油”违

法犯罪活动中滥用职权、玩忽职守、徇私枉法，构成犯罪的，依照刑法有关规定追究刑事责任。

2. 2012年7月15日，最高人民检察院下发了《关于进一步依法严厉打击食品安全犯罪行为的通知》

6月23日，国务院下发《关于加强食品安全工作的决定》后，最高人民检察院要求全国检察系统进一步深入研究预防和惩治食品安全犯罪及职务犯罪问题，加强行政执法与刑事司法的衔接，加大司法支持食品安全工作力度；要求进一步严查食品安全事故所涉渎职犯罪案件，促进保障和改善民生。

2012年7月15日，最高人民检察院下发了《关于进一步依法严厉打击食品安全犯罪行为的通知》，《通知》要求全国各级检察机关充分履行检察职责，加大打击食品安全犯罪力度，增强查办食品安全犯罪行为背后职务犯罪的敏锐性，坚决深挖和严肃查办食品安全犯罪行为背后的职务犯罪。

《通知》还要求全国各级检察机关要积极配合有关部门开展食品安全治理整顿，切实防止和纠正以罚代刑、有案不移、有案不立、放纵犯罪等行为。在办理案件中，要重证据、讲法治，依法排除非法证据，切实将案件办成铁案。发现漏捕、漏诉、遗漏犯罪事实的，要及时追捕、追诉。

《通知》强调侦查监督、公诉部门在办理危害食品安全犯罪案件时，要注意发现其背后的行政监管、执法部门以及司法机关工作人员收受贿赂、徇私舞弊、玩忽职守等职务犯罪线索，并及时移送职务犯罪侦查部门。反贪污贿赂、反渎职侵权部门要广辟案源，既集中力量查办大案要案，也绝不忽视人民群众反映强烈的其他案件。要坚持惩防并举，针对食品行业生产、经营、监管、执法等环节存在的问题提出检察建议，促进加强和创新社会管理，最大可能地预防和减少食品安全犯罪的发生。

3. 2012年8月8日，最高人民检察院又下发了《关于依法严惩

食品安全领域渎职犯罪的通知》

该《通知》指出了全国检察机关将着力查办五类食品安全领域渎职犯罪案件。这五类食品安全领域渎职犯罪案件包括：

（1）在食品安全监管过程中徇私情私利，在日常工作或执法检查中发现食品安全问题却不依法处理，致使不合格食品、过期食品又重新包装上市等放纵乃至纵容制售伪劣商品犯罪行为的案件。

（2）以罚代管、徇私舞弊，对依法应当移交司法机关处理的危害食品安全的刑事犯罪案件不移交，包庇、纵容违法犯罪或者帮助犯罪分子逃避处罚，甚至充当犯罪分子“保护伞”的食品安全监管渎职犯罪案件。

（3）负有食品安全监管职责的国家机关工作人员玩忽职守，对辖区内存在的食品行业“潜规则”不闻不问或长期坐视不管的案件，或者在食品生产经营活动中，不认真履行监管职责，在食品安全监管活动中走过场，对生产、销售伪劣食品的行为不履行查究职责，致使国家和人民利益遭受重大损失的渎职犯罪案件。

（4）食品安全恶性事件涉及的渎职犯罪案件，特别是要严厉查处国家机关工作人员滥用职权、玩忽职守、徇私舞弊导致发生食品安全恶性事件，致使公共财产、国家和人民利益遭受重大损失的渎职犯罪案件。

（5）人民群众反映强烈，党委政府关注，新闻媒体曝光，损失后果严重，以及社会影响恶劣的危害食品安全的渎职犯罪案件。

《通知》要求全国各级检察机关重点围绕从食品原料来源到生产、加工、贮运、分销、零售等各个环节的风险点，严肃查办食品生产、流通、销售各环节监管人员的失职渎职犯罪案件。对于查办案件中发现的监管机制、体制中存在的问题，要向有关部门和发案单位提出整改意见和建议，共同研究治理食品安全问题的对策，从源头上减少违法犯罪的发生。

《通知》指出，各级检察机关反渎职侵权部门要切实将依法严惩食品安全领域渎职犯罪作为严肃查办危害民生民利渎职侵权犯罪专项工作的重点抓紧抓好。要认真学习贯彻国务院《关于加强食品安全工作的决定》精神，以对党和人民高度负责的态度，认真抓好依法严惩食品安全领域渎职犯罪工作，积极参与食品安全治理，严厉打击食品安全背后所涉渎职犯罪，促使有关行政机关及其工作人员提高依法履职能力，为维护人民群众的食品安全、促进我国食品安全形势持续稳定好转提供有力的司法支持。

《通知》强调，各级检察机关反渎职侵权部门要深入了解食品安全的风险点，尤其要重点排查带有行业共性的食品安全隐患和行业“潜规则”问题，主动从中发现渎职犯罪案件线索。要积极与食品安全、食品药品监管、质量检验检疫、农业、卫生、工商等行政部门及食品行业协会、食品科研单位等联系，通过走访座谈等形式了解食品安全现状；关注社会热点，透过食品安全事件反观食品安全形势或通过网络等媒体关注网络舆情、倾听社会反映。要加强与公安、法院、纪检监察、行政执法机关及检察机关侦查监督、公诉等部门的密切协作与配合，通过信息通报、召开联席会议、参与联合执法、查阅执法台账和案卷材料等方式，认真摸排案件线索；对于行政机关移送检察机关的案件线索要及时受理查办，并会同有关部门推动食品安全领域行政执法与刑事司法衔接机制建设，形成打击合力。

4. 为了提高对公务员职务犯罪的侦查力度，最高人民检察院还通过《刑事诉讼法》的修改契机，获得了采取技术侦查措施的权力

修改后的《刑事诉讼法》第七十六条规定：“执行机关对被监视居住的犯罪嫌疑人、被告人，可以采取电子监控、不定期检查等监视方法对其遵守监视居住规定的情况进行监督；在侦查期间，可以对被监视居住的犯罪嫌疑人的通信进行监控。”

修改后的《刑事诉讼法》在第二编“立案、侦查和提起公诉”

第二章“侦查”第七节后面专门增加了一节“技术侦查措施”，作为第八节。其中：

第一百四十八条规定：“公安机关在立案后，对于危害国家安全犯罪、恐怖活动犯罪、黑社会性质的组织犯罪、重大毒品犯罪或者其他严重危害社会的犯罪案件，根据侦查犯罪的需要，经过严格的批准手续，可以采取技术侦查措施。

人民检察院在立案后，对于重大的贪污、贿赂犯罪案件以及利用职权实施的严重侵犯公民人身权利的重大犯罪案件，根据侦查犯罪的需要，经过严格的批准手续，可以采取技术侦查措施，按照规定交有关机关执行。

追捕被通缉或者批准、决定逮捕的在逃的犯罪嫌疑人、被告人，经过批准，可以采取追捕所必需的技术侦查措施。”

第一百五十二条规定：“依照本节规定采取侦查措施收集的材料在刑事诉讼中可以作为证据使用。如果使用该证据可能危及有关人员的人身安全，或者可能产生其他严重后果的，应当采取不暴露有关人员身份、技术方法等保护措施，必要的时候，可以由审判人员在庭外对证据进行核实。”

修改后的《刑事诉讼法》于2013年1月1日起实施，这就意味着，从2013年1月1日开始，检察机关在他们认为有必要的时候，可以对食品安全管理领域涉嫌犯罪的官员采取一些技术侦查措施。这些措施使用的范围包括但不限于：涉嫌犯罪的官员的电话通话记录，所发的电子邮件、手机短信，QQ、MSN、飞信等上网聊天的所有记录，博客、微博、微信的文字、图片等，届时涉嫌犯罪的官员在检察机关面前将无任何个人隐私可言。

五、小结

本章简单介绍了2011年出现的一些食品安全事件、相关主管部

门的观点、媒体对该观点的质疑、笔者的观点；在此基础上，着重介绍了最高人民检察院对我国 2011 年以来食品安全管理领域存在的问题的态度、最高人民检察院 2011 年以来针对食品安全管理领域存在的问题所采取的一系列对策。

第十章
消费者在遇到食品安全问题时如何保护自己的权益

日常生活中，一些名人的代言广告、一些名气很大的媒体所刊登的广告、一些打折降价多的促销广告、一些不负责任的社会团体组织的推荐、一些电视广告及现场的演示和承诺，经常会使我们的消费者经不起诱惑而上当受骗。

我们的消费者为了不被诱惑、不上当受骗，需要掌握一些消费知识，比如：有关商品、服务、市场以及消费心理方面的知识，国家为保护我们消费者的利益而出台的一些法律规定，消费者维权的途径等等；同时需要养成良好的权利意识和自我保护意识，只有这样才能在消费过程中防止侵权行为的发生，才能在自己的利益受到侵害时惩治那些不法的经营者，维护自己的合法权益。

以下笔者给大家介绍一下我国维护消费者权益的组织机构，并从五个层面介绍一些消费者维权时需要注意的事项，供消费者参考，也希望借此机会为大家做一些普法宣传，提高消费者消费时的警惕性。

一、目前我国维护消费者权益的组织机构有哪些

1. 行政机构，包括：地方各级人民政府、全国各级工商行政管

理局（简称工商局）、各级技术质量监督检验检疫局（简称质检局）、各级卫生局、各级农业局、各级食品药品监督管理局（简称食品药品监管局）、各级物价局等。

相关行政机构为维护消费者权益，还在全国范围内设置了消费者投诉电话，其中，消费维权投诉热线：12315；价格维权投诉热线：12358；产品质量维权投诉热线：12365；食品监管维权投诉热线：12331。

2. 社会团体，包括：各级消费者协会、其他社会组织（如：各种行业协会、各地的仲裁机构）。

3. 大众传媒，包括：报刊、广播、电视台、互联网。

4. 司法机构，包括：各级公安机关、各级人民检察院、各级人民法院。

二、消费者在和商家协商处理问题时需要注意的事项

笔者从自己的亲身经历、自己代理过的消费维权案件和自己通过各种渠道收集的大量消费维权案件中总结了几点建议，和大家一起分享：

1. 消费者在消费的过程中，必须要求商家（经营者）出具加盖公章的正式发票（税票），注明食品生产日期等基本信息；在索取发票不成的情况下，尽量要求商家出具加盖公章的收据或者其他消费凭证，这是消费维权的一个基础性的证据材料。

2. 消费者在和商家协商处理食品安全事件的过程中，一定要保持理智，一定要控制住自己的情绪，一定要以法以理服人，防止过激的行为给自己造成更大的伤害。

3. 对于损失的赔偿问题，事先应该做好心理准备，有一个自己的底线，这样在和商家交涉的过程中，就会占据主动。

4. 在和商家交涉的过程中，注意弥补自己的过失，通过各种方

式（比如录音、录像，公证，找证人旁证等）收集之前没有注意到的一些证据材料，为进一步处理问题做好必要的准备。

5. 在和商家交涉的过程中，注意发挥自己的聪明才智，学会借助一些外力，采取一些合法的技巧、方式和商家进行谈判，会有助于问题的解决。

三、消费者通过消费者协会处理问题时需要注意的事项

在和商家协商处理问题不成的情况下，消费者可以通过设在各地工商局下面的消费者协会来帮助自己处理不愉快的事情，在用这种方式处理问题时需要注意：

1. 消费者必须向消费者协会提供商家出具的消费发票（税票），或者其他加盖公章的收据或者消费凭证，以证明自己和商家之间存在消费关系。

2. 在向消费者协会反映问题的过程中，态度要端正、冷静，要实事求是，不要夸大其词，这样有助于问题的解决。

3. 消费者不妨向消费者协会的工作人员阐明自己对问题的处理意见，让这些工作人员在随后处理问题的过程中，也好把握一个尺度。

4. 消费者应该积极配合、督促消费者协会工作人员的工作，积极提供对自己有利的相关证据材料，不要采取消极的态度等待问题的处理结果。

5. 对于损失的赔偿问题，事先应该做好心理准备，有一个自己的底限，这样在处理问题时就会占据主动。

6. 在消费者协会帮助自己解决问题的过程中，注意借助消费者协会的力量，通过合法的方式来弥补自己在消费过程中存在的过失，收集之前没有注意到的一些证据材料，为进一步处理问题做好必要的准备。

四、消费者通过行政机关处理问题时需要注意的事项

1. 消费者通过行政机关处理自己的问题时，首先应该注意了解自己遇到的问题归哪个行政机关管理，这样才能更快更好地处理自己遇到的麻烦事。

比如，消费者在市场上遇到假冒伪劣和不合格食品问题，给自己造成了损失，此时可以向各地的工商行政管理局申诉，然后由各地的工商行政管理局依据相关的行政管理法律、法规、部门规章进行处理，追究相关商家的法律责任，同时能帮助自己挽回损失。

因为商家的垄断、不正当竞争行为，利用虚假宣传、虚假违法广告欺骗和误导消费者的行为，利用不规范合同、服务合同格式条款等方式来欺诈消费者的行为，给消费者造成损失的，消费者同样可以向各地的工商行政管理局申诉，然后由各地的工商行政管理局依据相关的行政管理法律、法规、部门规章进行处理，追究相关商家的法律责任，同时也能帮助自己挽回损失。

对于因价格上的违法违规行为给消费者造成损失的，消费者可以向各地的物价部门进行申诉，由他们依据相关的行政管理法律、法规、部门规章进行处理，追究相关商家的法律责任，同时可以帮助自己挽回损失。

对于直接向企业采购食品，因为食品安全问题给消费者造成损失的，消费者可以向各地的质检局申诉，也可以向各地的工商行政管理局申诉，由他们依据相关的行政管理法律、法规、部门规章进行处理，追究相关商家的法律责任，同时帮助自己挽回损失。

对于餐饮消费过程中的违法违规行为给消费者造成损失的，消费者可以向各地的食品药品监管局申诉，由他们依据相关的行政管理法律、法规、部门规章进行处理，追究相关商家的法律责任，同时帮助自己挽回损失。

2. 在向相关行政执法部门申诉时，消费者应该提供商家出具的消费发票（税票），或者其他加盖公章的收据，或者其他消费凭证以及相关证据材料，积极配合行政机关的调查。

3. 在向相关行政执法部门反映问题的过程中，态度要端正、冷静，要实事求是，不要夸大其词，这样便于问题的解决。

五、消费者通过仲裁程序处理问题时需要注意的事项

1. 消费者通过仲裁程序来处理和商家之间的纠纷时，必须有一个前提条件：就该纠纷，已经和商家之间达成提交仲裁的协议。

2. 仲裁协议里面必须明确、具体写明下列事项：

①双方当事人的身份等基本信息。

②双方当事人之间纠纷的情况。

③就双方当事人之间的纠纷，双方当事人自己愿意并一致同意提交仲裁机构，按照其仲裁规则进行仲裁。需要强调的是我国的仲裁机构不是以行政区域来设置的，目前我国的区县这一级没有仲裁委员会，仲裁委员会基本上都设在地级市以上（含地级市）人民政府所在地。

④仲裁机构的名称必须要写全称，不能省略。仲裁机构的名称由“地名+仲裁委员会”构成，例如，北京仲裁委员会。

⑤提交仲裁的事项即需要仲裁机构仲裁的具体问题。

⑥双方当事人署名，消费者的签字必须由本人亲自手写才行；对方当事人是单位的，有单位法定代表人签字并加盖单位的公章才行。

3. 仲裁和法院管辖之间的关系

我国《仲裁法》明确规定，当事人达成仲裁协议，一方向人民法院起诉的，人民法院不予受理，但仲裁协议无效的除外。

当事人达成仲裁协议，一方向人民法院起诉未声明有仲裁协议的，人民法院受理后，另一方在首次开庭前提交仲裁协议的，人民法院应当驳回起诉，但仲裁协议无效的除外。

当然如果另一方在首次开庭前未对人民法院受理该案提出异议的，视为放弃仲裁协议，人民法院应当继续审理。当事人在首次开庭前未对人民法院受理该案提出异议的，推定当事人认可法院对案件有管辖权。

4. 仲裁协议无效的情形

①以口头方式订立的仲裁协议无效。我国《仲裁法》第十六条规定了仲裁协议的形式要件，即仲裁协议必须以书面方式订立。因此以口头方式订立的仲裁协议不受法律的保护。

②约定的仲裁事项超出法律规定的仲裁范围，仲裁协议无效。我国《仲裁法》第二条和第三条规定，平等主体之间的合同纠纷和其他财产权益纠纷可以仲裁，而婚姻、收养、监护、扶养、继承纠纷以及依法应当由行政机关处理的行政争议不能仲裁。

③无民事行为能力人或者限制民事行为能力人订立的仲裁协议无效。为了维护民商事关系的稳定性及保护未成年人和其他无行为能力人、限制行为能力人的合法权益，法律要求签订仲裁协议的当事人必须具备完全的行为能力，否则，仲裁协议无效。

④一方采取胁迫手段，迫使对方订立仲裁协议的，该仲裁协议无效。自愿原则是仲裁制度的根本原则，它贯穿于仲裁程序的始终。仲裁协议的订立，也必须是双方当事人在平等协商基础上的真实意思表示。而以胁迫的手段与对方当事人订立仲裁协议，违反了自愿原则，所订立的仲裁协议不是双方当事人的真实意愿，不符合仲裁协议成立的有效要件。

⑤仲裁协议对仲裁事项没有约定或约定不明确，或者仲裁协议对仲裁委员会没有约定或者约定不明确，当事人对此又达不成补充协议的，仲裁协议无效。

仲裁协议中要明确规定仲裁事项和选定的仲裁委员会，这是仲裁法对仲裁协议的基本要求。如果仲裁协议中没有对此进行约定或者约定不明确，该仲裁协议则具有瑕疵。对于有瑕疵的仲裁协议，法律规定是可以补救的，即双方当事人可以达成补充协议。如果未能达成补充协议，仲裁协议即为无效。

5. 仲裁协议无效的法律后果

仲裁协议的无效，对仲裁机构来说，因其没有行使仲裁权的依据而不能对当事人之间的纠纷进行审理并作出裁决。当然，当事人也可以重新达成仲裁协议，通过仲裁方式解决纠纷，从而使仲裁机构对双方的纠纷有权管辖、审理。

仲裁协议的无效，对法院来说，由于排斥司法管辖权的原因已经消失，法院对于当事人之间的纠纷具有管辖权。法院可以根据当事人的请求，对案件进行审理。

6. 仲裁程序的特点

①专家断案。所谓专家断案，就是由某一领域的专家、权威来裁判案件。仲裁是公正、独立的第三人居中裁判当事人双方争议的纠纷解决机制，裁判纠纷的“第三人”必是具有良好法律素养同时又是所涉行业的专业人才，从而保证了仲裁的质量和仲裁结果的公平、合理。

②一裁终局。我国《仲裁法》第九条规定：“仲裁实行一裁终局的制度。裁决作出后，当事人就同一纠纷再申请仲裁或者向人民法院起诉的，仲裁委员会或者人民法院不予受理。裁决被人民法院依法裁定撤销或者不予执行的，当事人就该纠纷可以根据双方重新达成的仲裁协议申请仲裁，也可以向人民法院起诉。”

③意思自治。所谓意思自治，是指当事人的意思自治，此精神贯穿于整个仲裁程序中：

当事人可以选择是否进行仲裁以及将哪些纠纷提交仲裁；

当事人可以选择仲裁机构、仲裁地点、仲裁适用的法律和规则；

当事人可以选择仲裁员；

当事人可以选择如何进行仲裁程序；

当事人可以选择是否终止仲裁程序。

④不公开审理。我国《仲裁法》第四十条规定："仲裁不公开进行。当事人协议公开的，可以公开进行，但涉及国家秘密的除外。"

六、消费者通过诉讼程序处理问题时需要注意的事项

1. 在诉讼之前，必须保留、收集纠纷产生的所有证据材料。

2. 在自己对纠纷的性质、解决的方式、赔偿的标准、法院的管辖、证据的提供、诉讼时效等诸多问题不清楚的情况下，应该去正规的律师事务所咨询。

3. 要了解诉讼可能产生的各种风险。

4. 在自己对法律不精通的情况下，最好委托自己信得过的律师事务所和律师去代理案件的诉讼，以最大限度地保护自己的合法权益。

切不可在简单地看一下有关法律条款后，就自以为懂得了法律的规定，去想当然地提起诉讼。笔者在这么多年的执业生涯中，碰到这样的例子非常多。等到消费者后悔自己不妥当做法的时候，往往已经失去了保护自己合法权益的最佳时机。

5. 在聘请律师的过程中，如果碰到向消费者承诺包打赢诉讼，说自己和法院的法官、领导关系多么好之类的话，消费者应该提高警惕，防止被忽悠。某些律师的这种做法是违反律师执业道德和执业纪律规范的，其目的就是想多收取消费者的律师代理费。当然，这样的律师在全国的律师队伍中所占的比重是极小的。至于案件结果的情形，作为一个称职的律师，他是可以预见的，但是他无法保证案件的审理结果。

6. 在一审诉讼的过程中，要做好心理准备，对许多事项应该有一个自己的底限，这样在法院对案件进行调解的过程中，好占据主动。

7. 在收到法院的一审判决书以后，如果认为法院的判决存在问题，对自己不利，还可以在收到判决书之日起的十五天之内向上一级法院提起上诉。

8. 在上诉的过程中，要注意收集对自己有利的、能够推翻一审判决的新的事实和法律依据，这样在二审的过程中，就能占据主动。当然，这样的工作消费者可能无法自己完成，此时，消费者需要借助于精通法律的人的帮助。

9. 当二审判决下达后，如果消费者还认为判决有问题，严重侵犯了自己的合法权益的话，可以向上一级法院提起申诉。申诉的有效期限，根据目前的《民事诉讼法》的规定，是从二审判决书下达之日起的两年内；正在修改的《民事诉讼法》草案中，已经将这个期限缩短为六个月。

申诉的另一个渠道是消费者可以向二审同级的人民检察院或者上一级人民检察院提起申诉，恳请检察院提起抗诉。

七、小结

在本章中，笔者结合自己这么多年来的办案实践和收集、研究的案例，着重向消费者介绍了我国维护消费者权益的组织机构；消费者通过和商家协商和解、通过消费者协会调解、通过向行政机关投诉、通过仲裁程序仲裁、通过向法院提起诉讼五种渠道来处理问题时需要注意的事项。

附录
相关的法律条款摘录

一、《中华人民共和国食品安全法》

中华人民共和国食品安全法

（2009年2月28日第十一届全国人民代表大会常务委员会第七次会议通过，自2009年6月1日起施行。）

目　录

第一章　总　　则

第一条　为保证食品安全，保障公众身体健康和生命安全，制定本法。

第二条　在中华人民共和国境内从事下列活动，应当遵守本法：

（一）食品生产和加工（以下称食品生产），食品流通和餐饮服务（以下称食品经营）；

（二）食品添加剂的生产经营；

（三）用于食品的包装材料、容器、洗涤剂、消毒剂和用于食品生产经营的工具、设备（以下称食品相关产品）的生产经营；

（四）食品生产经营者使用食品添加剂、食品相关产品；

（五）对食品、食品添加剂和食品相关产品的安全管理。

供食用的源于农业的初级产品（以下称食用农产品）的质量安全管理，遵守《中华人民共和国农产品质量安全法》的规定。但是，制定有关食用农产品的质量安全标准、公布食用农产品安全有关信息，应当遵守本法的有关规定。

第三条　食品生产经营者应当依照法律、法规和食品安全标准从事生产经营活动，对社会和公众负责，保证食品安全，接受社会监督，承担社会责任。

第四条　国务院设立食品安全委员会，其工作职责由国务院规定。

国务院卫生行政部门承担食品安全综合协调职责，负责食品安全风险评估、食品安全标准制定、食品安全信息公布、食品检验机构的资质认定条件和检验规范的制定，组织查处食品安全重大事故。

国务院质量监督、工商行政管理和国家食品药品监督管理部门依照本法和国务院规定的职责，分别对食品生产、食品流通、餐饮服务活动实施监督管理。

第五条　县级以上地方人民政府统一负责、领导、组织、协调本行政区域的食品安全监督管理工作，建立健全食品安全全程监督管理的工作机制；统一领导、指挥食品安全突发事件应对工作；完善、落实食品安全监督管理责任制，对食品安全监督管理部门进行评议、考核。

县级以上地方人民政府依照本法和国务院的规定确定本级卫生行政、农业行政、质量监督、工商行政管理、食品药品监督管理部门的食品安全监督管理职责。有关部门在各自职责范围内负责本行政区域的食品安全监督管理工作。

上级人民政府所属部门在下级行政区域设置的机构应当在所在地人民政府的统一组织、协调下，依法做好食品安全监督管理工作。

第六条 县级以上卫生行政、农业行政、质量监督、工商行政管理、食品药品监督管理部门应当加强沟通、密切配合，按照各自职责分工，依法行使职权，承担责任。

第七条 食品行业协会应当加强行业自律，引导食品生产经营者依法生产经营，推动行业诚信建设，宣传、普及食品安全知识。

第八条 国家鼓励社会团体、基层群众性自治组织开展食品安全法律、法规以及食品安全标准和知识的普及工作，倡导健康的饮食方式，增强消费者食品安全意识和自我保护能力。

新闻媒体应当开展食品安全法律、法规以及食品安全标准和知识的公益宣传，并对违反本法的行为进行舆论监督。

第九条 国家鼓励和支持开展与食品安全有关的基础研究和应用研究，鼓励和支持食品生产经营者为提高食品安全水平采用先进技术和先进管理规范。

第十条 任何组织或者个人有权举报食品生产经营中违反本法的行为，有权向有关部门了解食品安全信息，对食品安全监督管理工作提出意见和建议。

第二章　食品安全风险监测和评估

第十一条　国家建立食品安全风险监测制度，对食源性疾病、食品污染以及食品中的有害因素进行监测。

国务院卫生行政部门会同国务院有关部门制定、实施国家食品安全风险监测计划。省、自治区、直辖市人民政府卫生行政部门根据国家食品安全风险监测计划，结合本行政区域的具体情况，组织制定、实施本行政区域的食品安全风险监测方案。

第十二条　国务院农业行政、质量监督、工商行政管理和国家食品药品监督管理等有关部门获知有关食品安全风险信息后，应当立即向国务院卫生行政部门通报。国务院卫生行政部门会同有关部门对信息核实后，应当及时调整食品安全风险监测计划。

第十三条　国家建立食品安全风险评估制度，对食品、食品添加剂中生物性、化学性和物理性危害进行风险评估。

国务院卫生行政部门负责组织食品安全风险评估工作，成立由医学、农业、食品、营养等方面的专家组成的食品安全风险评估专家委员会进行食品安全风险评估。

对农药、肥料、生长调节剂、兽药、饲料和饲料添加剂等的安全性评估，应当有食品安全风险评估专家委员会的专家参加。

食品安全风险评估应当运用科学方法，根据食品安全风险监测信息、科学数据以及其他有关信息进行。

第十四条　国务院卫生行政部门通过食品安全风险监测或者接到举报发现食品可能存在安全隐患的，应当立即组织进行检验和食品安全风险评估。

第十五条　国务院农业行政、质量监督、工商行政管理和国家食品药品监督管理等有关部门应当向国务院卫生行政部门提出食品安全风险评估的建议，并提供有关信息和资料。

国务院卫生行政部门应当及时向国务院有关部门通报食品安全

风险评估的结果。

第十六条 食品安全风险评估结果是制定、修订食品安全标准和对食品安全实施监督管理的科学依据。

食品安全风险评估结果得出食品不安全结论的，国务院质量监督、工商行政管理和国家食品药品监督管理部门应当依据各自职责立即采取相应措施，确保该食品停止生产经营，并告知消费者停止食用；需要制定、修订相关食品安全国家标准的，国务院卫生行政部门应当立即制定、修订。

第十七条 国务院卫生行政部门应当会同国务院有关部门，根据食品安全风险评估结果、食品安全监督管理信息，对食品安全状况进行综合分析。对经综合分析表明可能具有较高程度安全风险的食品，国务院卫生行政部门应当及时提出食品安全风险警示，并予以公布。

第三章 食品安全标准

第十八条 制定食品安全标准，应当以保障公众身体健康为宗旨，做到科学合理、安全可靠。

第十九条 食品安全标准是强制执行的标准。除食品安全标准外，不得制定其他的食品强制性标准。

第二十条 食品安全标准应当包括下列内容：

（一）食品、食品相关产品中的致病性微生物、农药残留、兽药残留、重金属、污染物质以及其他危害人体健康物质的限量规定；

（二）食品添加剂的品种、使用范围、用量；

（三）专供婴幼儿和其他特定人群的主辅食品的营养成分要求；

（四）对与食品安全、营养有关的标签、标识、说明书的要求；

（五）食品生产经营过程的卫生要求；

（六）与食品安全有关的质量要求；

（七）食品检验方法与规程；

（八）其他需要制定为食品安全标准的内容。

第二十一条 食品安全国家标准由国务院卫生行政部门负责制定、公布，国务院标准化行政部门提供国家标准编号。

食品中农药残留、兽药残留的限量规定及其检验方法与规程由国务院卫生行政部门、国务院农业行政部门制定。

屠宰畜、禽的检验规程由国务院有关主管部门会同国务院卫生行政部门制定。

有关产品国家标准涉及食品安全国家标准规定内容的，应当与食品安全国家标准相一致。

第二十二条 国务院卫生行政部门应当对现行的食用农产品质量安全标准、食品卫生标准、食品质量标准和有关食品的行业标准中强制执行的标准予以整合，统一公布为食品安全国家标准。

本法规定的食品安全国家标准公布前，食品生产经营者应当按照现行食用农产品质量安全标准、食品卫生标准、食品质量标准和有关食品的行业标准生产经营食品。

第二十三条 食品安全国家标准应当经食品安全国家标准审评委员会审查通过。食品安全国家标准审评委员会由医学、农业、食品、营养等方面的专家以及国务院有关部门的代表组成。

制定食品安全国家标准，应当依据食品安全风险评估结果并充分考虑食用农产品质量安全风险评估结果，参照相关的国际标准和国际食品安全风险评估结果，并广泛听取食品生产经营者和消费者的意见。

第二十四条 没有食品安全国家标准的，可以制定食品安全地方标准。

省、自治区、直辖市人民政府卫生行政部门组织制定食品安全地方标准，应当参照执行本法有关食品安全国家标准制定的规定，并报国务院卫生行政部门备案。

第二十五条 企业生产的食品没有食品安全国家标准或者地方

标准的，应当制定企业标准，作为组织生产的依据。国家鼓励食品生产企业制定严于食品安全国家标准或者地方标准的企业标准。企业标准应当报省级卫生行政部门备案，在本企业内部适用。

第二十六条　食品安全标准应当供公众免费查阅。

第四章　食品生产经营

第二十七条　食品生产经营应当符合食品安全标准，并符合下列要求：

（一）具有与生产经营的食品品种、数量相适应的食品原料处理和食品加工、包装、贮存等场所，保持该场所环境整洁，并与有毒、有害场所以及其他污染源保持规定的距离；

（二）具有与生产经营的食品品种、数量相适应的生产经营设备或者设施，有相应的消毒、更衣、盥洗、采光、照明、通风、防腐、防尘、防蝇、防鼠、防虫、洗涤以及处理废水、存放垃圾和废弃物的设备或者设施；

（三）有食品安全专业技术人员、管理人员和保证食品安全的规章制度；

（四）具有合理的设备布局和工艺流程，防止待加工食品与直接入口食品、原料与成品交叉污染，避免食品接触有毒物、不洁物；

（五）餐具、饮具和盛放直接入口食品的容器，使用前应当洗净、消毒，炊具、用具用后应当洗净，保持清洁；

（六）贮存、运输和装卸食品的容器、工具和设备应当安全、无害，保持清洁，防止食品污染，并符合保证食品安全所需的温度等特殊要求，不得将食品与有毒、有害物品一同运输；

（七）直接入口的食品应当有小包装或者使用无毒、清洁的包装材料、餐具；

（八）食品生产经营人员应当保持个人卫生，生产经营食品时，应当将手洗净，穿戴清洁的工作衣、帽；销售无包装的直接入口食品时，应当使用无毒、清洁的售货工具；

（九）用水应当符合国家规定的生活饮用水卫生标准；

（十）使用的洗涤剂、消毒剂应当对人体安全、无害；

（十一）法律、法规规定的其他要求。

第二十八条 禁止生产经营下列食品：

（一）用非食品原料生产的食品或者添加食品添加剂以外的化学物质和其他可能危害人体健康物质的食品，或者用回收食品作为原料生产的食品；

（二）致病性微生物、农药残留、兽药残留、重金属、污染物质以及其他危害人体健康的物质含量超过食品安全标准限量的食品；

（三）营养成分不符合食品安全标准的专供婴幼儿和其他特定人群的主辅食品；

（四）腐败变质、油脂酸败、霉变生虫、污秽不洁、混有异物、掺假掺杂或者感官性状异常的食品；

（五）病死、毒死或者死因不明的禽、畜、兽、水产动物肉类及其制品；

（六）未经动物卫生监督机构检疫或者检疫不合格的肉类，或者未经检验或者检验不合格的肉类制品；

（七）被包装材料、容器、运输工具等污染的食品；

（八）超过保质期的食品；

（九）无标签的预包装食品；

（十）国家为防病等特殊需要明令禁止生产经营的食品；

（十一）其他不符合食品安全标准或者要求的食品。

第二十九条 国家对食品生产经营实行许可制度。从事食品生产、食品流通、餐饮服务，应当依法取得食品生产许可、食品流通许可、餐饮服务许可。

取得食品生产许可的食品生产者在其生产场所销售其生产的食品，不需要取得食品流通的许可；取得餐饮服务许可的餐饮服务提供者在其餐饮服务场所出售其制作加工的食品，不需要取得食品生产和流通的许可；农民个人销售其自产的食用农产品，不需要取得食品流通的许可。

食品生产加工小作坊和食品摊贩从事食品生产经营活动，应当符合本法规定的与其生产经营规模、条件相适应的食品安全要求，保证所生产经营的食品卫生、无毒、无害，有关部门应当对其加强监督管理，具体管理办法由省、自治区、直辖市人民代表大会常务委员会依照本法制定。

第三十条　县级以上地方人民政府鼓励食品生产加工小作坊改进生产条件；鼓励食品摊贩进入集中交易市场、店铺等固定场所经营。

第三十一条　县级以上质量监督、工商行政管理、食品药品监督管理部门应当依照《中华人民共和国行政许可法》的规定，审核申请人提交的本法第二十七条第一项至第四项规定要求的相关资料，必要时对申请人的生产经营场所进行现场核查；对符合规定条件的，决定准予许可；对不符合规定条件的，决定不予许可并书面说明理由。

第三十二条　食品生产经营企业应当建立健全本单位的食品安全管理制度，加强对职工食品安全知识的培训，配备专职或者兼职食品安全管理人员，做好对所生产经营食品的检验工作，依法从事食品生产经营活动。

第三十三条　国家鼓励食品生产经营企业符合良好生产规范要求，实施危害分析与关键控制点体系，提高食品安全管理水平。

对通过良好生产规范、危害分析与关键控制点体系认证的食品生产经营企业，认证机构应当依法实施跟踪调查；对不再符合认证要求的企业，应当依法撤销认证，及时向有关质量监督、工商行政管理、食品药品监督管理部门通报，并向社会公布。认证机构实施跟踪调查不收取任何费用。

第三十四条 食品生产经营者应当建立并执行从业人员健康管理制度。患有痢疾、伤寒、病毒性肝炎等消化道传染病的人员，以及患有活动性肺结核、化脓性或者渗出性皮肤病等有碍食品安全的疾病的人员，不得从事接触直接入口食品的工作。

食品生产经营人员每年应当进行健康检查，取得健康证明后方可参加工作。

第三十五条 食用农产品生产者应当依照食品安全标准和国家有关规定使用农药、肥料、生长调节剂、兽药、饲料和饲料添加剂等农业投入品。食用农产品的生产企业和农民专业合作经济组织应当建立食用农产品生产记录制度。

县级以上农业行政部门应当加强对农业投入品使用的管理和指导，建立健全农业投入品的安全使用制度。

第三十六条 食品生产者采购食品原料、食品添加剂、食品相关产品，应当查验供货者的许可证和产品合格证明文件；对无法提供合格证明文件的食品原料，应当依照食品安全标准进行检验；不得采购或者使用不符合食品安全标准的食品原料、食品添加剂、食品相关产品。

食品生产企业应当建立食品原料、食品添加剂、食品相关产品进货查验记录制度，如实记录食品原料、食品添加剂、食品相关产品的名称、规格、数量、供货者名称及联系方式、进货日期等内容。

食品原料、食品添加剂、食品相关产品进货查验记录应当真实，保存期限不得少于二年。

第三十七条 食品生产企业应当建立食品出厂检验记录制度，查验出厂食品的检验合格证和安全状况，并如实记录食品的名称、规格、数量、生产日期、生产批号、检验合格证号、购货者名称及联系方式、销售日期等内容。

食品出厂检验记录应当真实，保存期限不得少于二年。

第三十八条 食品、食品添加剂和食品相关产品的生产者，应当依照食品安全标准对所生产的食品、食品添加剂和食品相关产品进行检验，检验合格后方可出厂或者销售。

第三十九条　食品经营者采购食品，应当查验供货者的许可证和食品合格的证明文件。

食品经营企业应当建立食品进货查验记录制度，如实记录食品的名称、规格、数量、生产批号、保质期、供货者名称及联系方式、进货日期等内容。

食品进货查验记录应当真实，保存期限不得少于二年。

实行统一配送经营方式的食品经营企业，可以由企业总部统一查验供货者的许可证和食品合格的证明文件，进行食品进货查验记录。

第四十条　食品经营者应当按照保证食品安全的要求贮存食品，定期检查库存食品，及时清理变质或者超过保质期的食品。

第四十一条　食品经营者贮存散装食品，应当在贮存位置标明食品的名称、生产日期、保质期、生产者名称及联系方式等内容。

食品经营者销售散装食品，应当在散装食品的容器、外包装上标明食品的名称、生产日期、保质期、生产经营者名称及联系方式等内容。

第四十二条　预包装食品的包装上应当有标签。标签应当标明下列事项：

（一）名称、规格、净含量、生产日期；

（二）成分或者配料表；

（三）生产者的名称、地址、联系方式；

（四）保质期；

（五）产品标准代号；

（六）贮存条件；

（七）所使用的食品添加剂在国家标准中的通用名称；

（八）生产许可证编号；

（九）法律、法规或者食品安全标准规定必须标明的其他事项。

专供婴幼儿和其他特定人群的主辅食品，其标签还应当标明主要营养成分及其含量。

第四十三条 国家对食品添加剂的生产实行许可制度。申请食品添加剂生产许可的条件、程序，按照国家有关工业产品生产许可证管理的规定执行。

第四十四条 申请利用新的食品原料从事食品生产或者从事食品添加剂新品种、食品相关产品新品种生产活动的单位或者个人，应当向国务院卫生行政部门提交相关产品的安全性评估材料。国务院卫生行政部门应当自收到申请之日起六十日内组织对相关产品的安全性评估材料进行审查；对符合食品安全要求的，依法决定准予许可并予以公布；对不符合食品安全要求的，决定不予许可并书面说明理由。

第四十五条 食品添加剂应当在技术上确有必要且经过风险评估证明安全可靠，方可列入允许使用的范围。国务院卫生行政部门应当根据技术必要性和食品安全风险评估结果，及时对食品添加剂的品种、使用范围、用量的标准进行修订。

第四十六条 食品生产者应当依照食品安全标准关于食品添加剂的品种、使用范围、用量的规定使用食品添加剂；不得在食品生产中使用食品添加剂以外的化学物质和其他可能危害人体健康的物质。

第四十七条 食品添加剂应当有标签、说明书和包装。标签、说明书应当载明本法第四十二条第一款第一项至第六项、第八项、第九项规定的事项，以及食品添加剂的使用范围、用量、使用方法，并在标签上载明“食品添加剂”字样。

第四十八条 食品和食品添加剂的标签、说明书，不得含有虚假、夸大的内容，不得涉及疾病预防、治疗功能。生产者对标签、说明书上所载明的内容负责。

食品和食品添加剂的标签、说明书应当清楚、明显，容易辨识。

食品和食品添加剂与其标签、说明书所载明的内容不符的，不得上市销售。

第四十九条　食品经营者应当按照食品标签标示的警示标志、警示说明或者注意事项的要求，销售预包装食品。

第五十条　生产经营的食品中不得添加药品，但是可以添加按照传统既是食品又是中药材的物质。按照传统既是食品又是中药材的物质的目录由国务院卫生行政部门制定、公布。

第五十一条　国家对声称具有特定保健功能的食品实行严格监管。有关监督管理部门应当依法履职，承担责任。具体管理办法由国务院规定。

声称具有特定保健功能的食品不得对人体产生急性、亚急性或者慢性危害，其标签、说明书不得涉及疾病预防、治疗功能，内容必须真实，应当载明适宜人群、不适宜人群、功效成分或者标志性成分及其含量等；产品的功能和成分必须与标签、说明书相一致。

第五十二条　集中交易市场的开办者、柜台出租者和展销会举办者，应当审查入场食品经营者的许可证，明确入场食品经营者的食品安全管理责任，定期对入场食品经营者的经营环境和条件进行检查，发现食品经营者有违反本法规定的行为的，应当及时制止并立即报告所在地县级工商行政管理部门或者食品药品监督管理部门。

集中交易市场的开办者、柜台出租者和展销会举办者未履行前款规定义务，本市场发生食品安全事故的，应当承担连带责任。

第五十三条　国家建立食品召回制度。食品生产者发现其生产的食品不符合食品安全标准，应当立即停止生产，召回已经上市销售的食品，通知相关生产经营者和消费者，并记录召回和通知情况。

食品经营者发现其经营的食品不符合食品安全标准，应当立即停止经营，通知相关生产经营者和消费者，并记录停止经营和通知情况。食品生产者认为应当召回的，应当立即召回。

食品生产者应当对召回的食品采取补救、无害化处理、销毁等措施，并将食品召回和处理情况向县级以上质量监督部门报告。

食品生产经营者未依照本条规定召回或者停止经营不符合食品安全标准的食品的，县级以上质量监督、工商行政管理、食品药品监督管理部门可以责令其召回或者停止经营。

第五十四条 食品广告的内容应当真实合法，不得含有虚假、夸大的内容，不得涉及疾病预防、治疗功能。

食品安全监督管理部门或者承担食品检验职责的机构、食品行业协会、消费者协会不得以广告或者其他形式向消费者推荐食品。

第五十五条 社会团体或者其他组织、个人在虚假广告中向消费者推荐食品，使消费者的合法权益受到损害的，与食品生产经营者承担连带责任。

第五十六条 地方各级人民政府鼓励食品规模化生产和连锁经营、配送。

第五章 食品检验

第五十七条 食品检验机构按照国家有关认证认可的规定取得资质认定后，方可从事食品检验活动。但是，法律另有规定的除外。

食品检验机构的资质认定条件和检验规范，由国务院卫生行政部门规定。

本法施行前经国务院有关主管部门批准设立或者经依法认定的食品检验机构，可以依照本法继续从事食品检验活动。

第五十八条 食品检验由食品检验机构指定的检验人独立进行。

检验人应当依照有关法律、法规的规定，并依照食品安全标准和检验规范对食品进行检验，尊重科学，恪守职业道德，保证出具的检验数据和结论客观、公正，不得出具虚假的检验报告。

第五十九条 食品检验实行食品检验机构与检验人负责制。食品检验报告应当加盖食品检验机构公章，并有检验人的签名或者盖

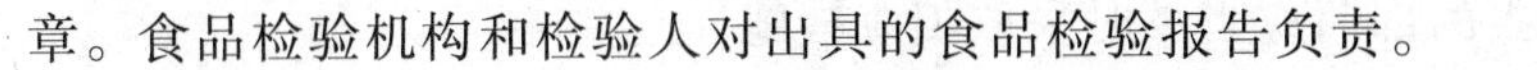

章。食品检验机构和检验人对出具的食品检验报告负责。

第六十条　食品安全监督管理部门对食品不得实施免检。

县级以上质量监督、工商行政管理、食品药品监督管理部门应当对食品进行定期或者不定期的抽样检验。进行抽样检验，应当购买抽取的样品，不收取检验费和其他任何费用。

县级以上质量监督、工商行政管理、食品药品监督管理部门在执法工作中需要对食品进行检验的，应当委托符合本法规定的食品检验机构进行，并支付相关费用。对检验结论有异议的，可以依法进行复检。

第六十一条　食品生产经营企业可以自行对所生产的食品进行检验，也可以委托符合本法规定的食品检验机构进行检验。

食品行业协会等组织、消费者需要委托食品检验机构对食品进行检验的，应当委托符合本法规定的食品检验机构进行。

第六章　食品进出口

第六十二条　进口的食品、食品添加剂以及食品相关产品应当符合我国食品安全国家标准。

进口的食品应当经出入境检验检疫机构检验合格后，海关凭出入境检验检疫机构签发的通关证明放行。

第六十三条　进口尚无食品安全国家标准的食品，或者首次进口食品添加剂新品种、食品相关产品新品种，进口商应当向国务院卫生行政部门提出申请并提交相关的安全性评估材料。国务院卫生行政部门依照本法第四十四条的规定作出是否准予许可的决定，并及时制定相应的食品安全国家标准。

第六十四条　境外发生的食品安全事件可能对我国境内造成影响，或者在进口食品中发现严重食品安全问题的，国家出入境检验检疫部门应当及时采取风险预警或者控制措施，并向国务院卫生行政、农业行政、工商行政管理和国家食品药品监督管理部门通报。

接到通报的部门应当及时采取相应措施。

第六十五条 向我国境内出口食品的出口商或者代理商应当向国家出入境检验检疫部门备案。向我国境内出口食品的境外食品生产企业应当经国家出入境检验检疫部门注册。

国家出入境检验检疫部门应当定期公布已经备案的出口商、代理商和已经注册的境外食品生产企业名单。

第六十六条 进口的预包装食品应当有中文标签、中文说明书。标签、说明书应当符合本法以及我国其他有关法律、行政法规的规定和食品安全国家标准的要求，载明食品的原产地以及境内代理商的名称、地址、联系方式。预包装食品没有中文标签、中文说明书或者标签、说明书不符合本条规定的，不得进口。

第六十七条 进口商应当建立食品进口和销售记录制度，如实记录食品的名称、规格、数量、生产日期、生产或者进口批号、保质期、出口商和购货者名称及联系方式、交货日期等内容。

食品进口和销售记录应当真实，保存期限不得少于二年。

第六十八条 出口的食品由出入境检验检疫机构进行监督、抽检，海关凭出入境检验检疫机构签发的通关证明放行。

出口食品生产企业和出口食品原料种植、养殖场应当向国家出入境检验检疫部门备案。

第六十九条 国家出入境检验检疫部门应当收集、汇总进出口食品安全信息，并及时通报相关部门、机构和企业。

国家出入境检验检疫部门应当建立进出口食品的进口商、出口商和出口食品生产企业的信誉记录，并予以公布。对有不良记录的进口商、出口商和出口食品生产企业，应当加强对其进出口食品的检验检疫。

第七章　食品安全事故处置

第七十条 国务院组织制定国家食品安全事故应急预案。

县级以上地方人民政府应当根据有关法律、法规的规定和上级人民政府的食品安全事故应急预案以及本地区的实际情况，制定本行政区域的食品安全事故应急预案，并报上一级人民政府备案。

食品生产经营企业应当制定食品安全事故处置方案，定期检查本企业各项食品安全防范措施的落实情况，及时消除食品安全事故隐患。

第七十一条　发生食品安全事故的单位应当立即予以处置，防止事故扩大。事故发生单位和接收病人进行治疗的单位应当及时向事故发生地县级卫生行政部门报告。

农业行政、质量监督、工商行政管理、食品药品监督管理部门在日常监督管理中发现食品安全事故，或者接到有关食品安全事故的举报，应当立即向卫生行政部门通报。

发生重大食品安全事故的，接到报告的县级卫生行政部门应当按照规定向本级人民政府和上级人民政府卫生行政部门报告。县级人民政府和上级人民政府卫生行政部门应当按照规定上报。

任何单位或者个人不得对食品安全事故隐瞒、谎报、缓报，不得毁灭有关证据。

第七十二条　县级以上卫生行政部门接到食品安全事故的报告后，应当立即会同有关农业行政、质量监督、工商行政管理、食品药品监督管理部门进行调查处理，并采取下列措施，防止或者减轻社会危害：

（一）开展应急救援工作，对因食品安全事故导致人身伤害的人员，卫生行政部门应当立即组织救治；

（二）封存可能导致食品安全事故的食品及其原料，并立即进行检验；对确认属于被污染的食品及其原料，责令食品生产经营者依照本法第五十三条的规定予以召回、停止经营并销毁；

（三）封存被污染的食品用工具及用具，并责令进行清洗消毒；

（四）做好信息发布工作，依法对食品安全事故及其处理情况进行发布，并对可能产生的危害加以解释、说明。

发生重大食品安全事故的，县级以上人民政府应当立即成立食品安全事故处置指挥机构，启动应急预案，依照前款规定进行处置。

第七十三条 发生重大食品安全事故，设区的市级以上人民政府卫生行政部门应当立即会同有关部门进行事故责任调查，督促有关部门履行职责，向本级人民政府提出事故责任调查处理报告。

重大食品安全事故涉及两个以上省、自治区、直辖市的，由国务院卫生行政部门依照前款规定组织事故责任调查。

第七十四条 发生食品安全事故，县级以上疾病预防控制机构应当协助卫生行政部门和有关部门对事故现场进行卫生处理，并对与食品安全事故有关的因素开展流行病学调查。

第七十五条 调查食品安全事故，除了查明事故单位的责任，还应当查明负有监督管理和认证职责的监督管理部门、认证机构的工作人员失职、渎职情况。

第八章 监督管理

第七十六条 县级以上地方人民政府组织本级卫生行政、农业行政、质量监督、工商行政管理、食品药品监督管理部门制定本行政区域的食品安全年度监督管理计划，并按照年度计划组织开展工作。

第七十七条 县级以上质量监督、工商行政管理、食品药品监督管理部门履行各自食品安全监督管理职责，有权采取下列措施：

（一）进入生产经营场所实施现场检查；

（二）对生产经营的食品进行抽样检验；

（三）查阅、复制有关合同、票据、账簿以及其他有关资料；

（四）查封、扣押有证据证明不符合食品安全标准的食品，违法使用的食品原料、食品添加剂、食品相关产品，以及用于违法生产经营或者被污染的工具、设备；

（五）查封违法从事食品生产经营活动的场所。

县级以上农业行政部门应当依照《中华人民共和国农产品质量安全法》规定的职责，对食用农产品进行监督管理。

第七十八条　县级以上质量监督、工商行政管理、食品药品监督管理部门对食品生产经营者进行监督检查，应当记录监督检查的情况和处理结果。监督检查记录经监督检查人员和食品生产经营者签字后归档。

第七十九条　县级以上质量监督、工商行政管理、食品药品监督管理部门应当建立食品生产经营者食品安全信用档案，记录许可颁发、日常监督检查结果、违法行为查处等情况；根据食品安全信用档案的记录，对有不良信用记录的食品生产经营者增加监督检查频次。

第八十条　县级以上卫生行政、质量监督、工商行政管理、食品药品监督管理部门接到咨询、投诉、举报，对属于本部门职责的，应当受理，并及时进行答复、核实、处理；对不属于本部门职责的，应当书面通知并移交有权处理的部门处理。有权处理的部门应当及时处理，不得推诿；属于食品安全事故的，依照本法第七章有关规定进行处置。

第八十一条　县级以上卫生行政、质量监督、工商行政管理、食品药品监督管理部门应当按照法定权限和程序履行食品安全监督管理职责；对生产经营者的同一违法行为，不得给予二次以上罚款的行政处罚；涉嫌犯罪的，应当依法向公安机关移送。

第八十二条　国家建立食品安全信息统一公布制度。下列信息由国务院卫生行政部门统一公布：

（一）国家食品安全总体情况；

（二）食品安全风险评估信息和食品安全风险警示信息；

（三）重大食品安全事故及其处理信息；

（四）其他重要的食品安全信息和国务院确定的需要统一公布的

信息。

前款第二项、第三项规定的信息，其影响限于特定区域的，也可以由有关省、自治区、直辖市人民政府卫生行政部门公布。县级以上农业行政、质量监督、工商行政管理、食品药品监督管理部门依据各自职责公布食品安全日常监督管理信息。

食品安全监督管理部门公布信息，应当做到准确、及时、客观。

第八十三条 县级以上地方卫生行政、农业行政、质量监督、工商行政管理、食品药品监督管理部门获知本法第八十二条第一款规定的需要统一公布的信息，应当向上级主管部门报告，由上级主管部门立即报告国务院卫生行政部门；必要时，可以直接向国务院卫生行政部门报告。

县级以上卫生行政、农业行政、质量监督、工商行政管理、食品药品监督管理部门应当相互通报获知的食品安全信息。

第九章 法律责任

第八十四条 违反本法规定，未经许可从事食品生产经营活动，或者未经许可生产食品添加剂的，由有关主管部门按照各自职责分工，没收违法所得、违法生产经营的食品、食品添加剂和用于违法生产经营的工具、设备、原料等物品；违法生产经营的食品、食品添加剂货值金额不足一万元的，并处二千元以上五万元以下罚款；货值金额一万元以上的，并处货值金额五倍以上十倍以下罚款。

第八十五条 违反本法规定，有下列情形之一的，由有关主管部门按照各自职责分工，没收违法所得、违法生产经营的食品和用于违法生产经营的工具、设备、原料等物品；违法生产经营的食品货值金额不足一万元的，并处二千元以上五万元以下罚款；货值金额一万元以上的，并处货值金额五倍以上十倍以下罚款；情节严重的，吊销许可证：

（一）用非食品原料生产食品或者在食品中添加食品添加剂以外

的化学物质和其他可能危害人体健康的物质，或者用回收食品作为原料生产食品；

（二）生产经营致病性微生物、农药残留、兽药残留、重金属、污染物质以及其他危害人体健康的物质含量超过食品安全标准限量的食品；

（三）生产经营营养成分不符合食品安全标准的专供婴幼儿和其他特定人群的主辅食品；

（四）经营腐败变质、油脂酸败、霉变生虫、污秽不洁、混有异物、掺假掺杂或者感官性状异常的食品；

（五）经营病死、毒死或者死因不明的禽、畜、兽、水产动物肉类，或者生产经营病死、毒死或者死因不明的禽、畜、兽、水产动物肉类的制品；

（六）经营未经动物卫生监督机构检疫或者检疫不合格的肉类，或者生产经营未经检验或者检验不合格的肉类制品；

（七）经营超过保质期的食品；

（八）生产经营国家为防病等特殊需要明令禁止生产经营的食品；

（九）利用新的食品原料从事食品生产或者从事食品添加剂新品种、食品相关产品新品种生产，未经过安全性评估；

（十）食品生产经营者在有关主管部门责令其召回或者停止经营不符合食品安全标准的食品后，仍拒不召回或者停止经营的。

第八十六条　违反本法规定，有下列情形之一的，由有关主管部门按照各自职责分工，没收违法所得、违法生产经营的食品和用于违法生产经营的工具、设备、原料等物品；违法生产经营的食品货值金额不足一万元的，并处二千元以上五万元以下罚款；货值金额一万元以上的，并处货值金额二倍以上五倍以下罚款；情节严重的，责令停产停业，直至吊销许可证：

（一）经营被包装材料、容器、运输工具等污染的食品；

（二）生产经营无标签的预包装食品、食品添加剂或者标签、说明书不符合本法规定的食品、食品添加剂；

（三）食品生产者采购、使用不符合食品安全标准的食品原料、食品添加剂、食品相关产品；

（四）食品生产经营者在食品中添加药品。

第八十七条 违反本法规定，有下列情形之一的，由有关主管部门按照各自职责分工，责令改正，给予警告；拒不改正的，处二千元以上二万元以下罚款；情节严重的，责令停产停业，直至吊销许可证：

（一）未对采购的食品原料和生产的食品、食品添加剂、食品相关产品进行检验；

（二）未建立并遵守查验记录制度、出厂检验记录制度；

（三）制定食品安全企业标准未依照本法规定备案；

（四）未按规定要求贮存、销售食品或者清理库存食品；

（五）进货时未查验许可证和相关证明文件；

（六）生产的食品、食品添加剂的标签、说明书涉及疾病预防、治疗功能；

（七）安排患有本法第三十四条所列疾病的人员从事接触直接入口食品的工作。

第八十八条 违反本法规定，事故单位在发生食品安全事故后未进行处置、报告的，由有关主管部门按照各自职责分工，责令改正，给予警告；毁灭有关证据的，责令停产停业，并处二千元以上十万元以下罚款；造成严重后果的，由原发证部门吊销许可证。

第八十九条 违反本法规定，有下列情形之一的，依照本法第八十五条的规定给予处罚：

（一）进口不符合我国食品安全国家标准的食品；

（二）进口尚无食品安全国家标准的食品，或者首次进口食品添加剂新品种、食品相关产品新品种，未经过安全性评估；

（三）出口商未遵守本法的规定出口食品。

违反本法规定，进口商未建立并遵守食品进口和销售记录制度的，依照本法第八十七条的规定给予处罚。

第九十条　违反本法规定，集中交易市场的开办者、柜台出租者、展销会的举办者允许未取得许可的食品经营者进入市场销售食品，或者未履行检查、报告等义务的，由有关主管部门按照各自职责分工，处二千元以上五万元以下罚款；造成严重后果的，责令停业，由原发证部门吊销许可证。

第九十一条　违反本法规定，未按照要求进行食品运输的，由有关主管部门按照各自职责分工，责令改正，给予警告；拒不改正的，责令停产停业，并处二千元以上五万元以下罚款；情节严重的，由原发证部门吊销许可证。

第九十二条　被吊销食品生产、流通或者餐饮服务许可证的单位，其直接负责的主管人员自处罚决定作出之日起五年内不得从事食品生产经营管理工作。

食品生产经营者聘用不得从事食品生产经营管理工作的人员从事管理工作的，由原发证部门吊销许可证。

第九十三条　违反本法规定，食品检验机构、食品检验人员出具虚假检验报告的，由授予其资质的主管部门或者机构撤销该检验机构的检验资格；依法对检验机构直接负责的主管人员和食品检验人员给予撤职或者开除的处分。

违反本法规定，受到刑事处罚或者开除处分的食品检验机构人员，自刑罚执行完毕或者处分决定作出之日起十年内不得从事食品检验工作。食品检验机构聘用不得从事食品检验工作的人员的，由授予其资质的主管部门或者机构撤销该检验机构的检验资格。

第九十四条　违反本法规定，在广告中对食品质量作虚假宣传，欺骗消费者的，依照《中华人民共和国广告法》的规定给予处罚。

违反本法规定，食品安全监督管理部门或者承担食品检验职责的机构、食品行业协会、消费者协会以广告或者其他形式向消费者推荐食品的，由有关主管部门没收违法所得，依法对直接负责的主管人员和其他直接责任人员给予记大过、降级或者撤职的处分。

第九十五条 违反本法规定，县级以上地方人民政府在食品安全监督管理中未履行职责，本行政区域出现重大食品安全事故、造成严重社会影响的，依法对直接负责的主管人员和其他直接责任人员给予记大过、降级、撤职或者开除的处分。

违反本法规定，县级以上卫生行政、农业行政、质量监督、工商行政管理、食品药品监督管理部门或者其他有关行政部门不履行本法规定的职责或者滥用职权、玩忽职守、徇私舞弊的，依法对直接负责的主管人员和其他直接责任人员给予记大过或者降级的处分；造成严重后果的，给予撤职或者开除的处分；其主要负责人应当引咎辞职。

第九十六条 违反本法规定，造成人身、财产或者其他损害的，依法承担赔偿责任。

生产不符合食品安全标准的食品或者销售明知是不符合食品安全标准的食品，消费者除要求赔偿损失外，还可以向生产者或者销售者要求支付价款十倍的赔偿金。

第九十七条 违反本法规定，应当承担民事赔偿责任和缴纳罚款、罚金，其财产不足以同时支付时，先承担民事赔偿责任。

第九十八条 违反本法规定，构成犯罪的，依法追究刑事责任。

第十章 附 则

第九十九条 本法下列用语的含义：

食品，指各种供人食用或者饮用的成品和原料以及按照传统既是食品又是药品的物品，但是不包括以治疗为目的的物品。

食品安全，指食品无毒、无害，符合应当有的营养要求，对人体健康不造成任何急性、亚急性或者慢性危害。

预包装食品，指预先定量包装或者制作在包装材料和容器中的食品。

食品添加剂，指为改善食品品质和色、香、味以及为防腐、保鲜和加工工艺的需要而加入食品中的人工合成或者天然物质。

用于食品的包装材料和容器，指包装、盛放食品或者食品添加剂用的纸、竹、木、金属、搪瓷、陶瓷、塑料、橡胶、天然纤维、化学纤维、玻璃等制品和直接接触食品或者食品添加剂的涂料。

用于食品生产经营的工具、设备，指在食品或者食品添加剂生产、流通、使用过程中直接接触食品或者食品添加剂的机械、管道、传送带、容器、用具、餐具等。

用于食品的洗涤剂、消毒剂，指直接用于洗涤或者消毒食品、餐饮具以及直接接触食品的工具、设备或者食品包装材料和容器的物质。

保质期，指预包装食品在标签指明的贮存条件下保持品质的期限。

食源性疾病，指食品中致病因素进入人体引起的感染性、中毒性等疾病。

食物中毒，指食用了被有毒有害物质污染的食品或者食用了含有毒有害物质的食品后出现的急性、亚急性疾病。

食品安全事故，指食物中毒、食源性疾病、食品污染等源于食品，对人体健康有危害或者可能有危害的事故。

第一百条　食品生产经营者在本法施行前已经取得相应许可证的，该许可证继续有效。

第一百零一条　乳品、转基因食品、生猪屠宰、酒类和食盐的食品安全管理，适用本法；法律、行政法规另有规定的，依照其规定。

第一百零二条　铁路运营中食品安全的管理办法由国务院卫生行政部门会同国务院有关部门依照本法制定。

军队专用食品和自供食品的食品安全管理办法由中央军事委员会依照本法制定。

第一百零三条 国务院根据实际需要，可以对食品安全监督管理体制作出调整。

第一百零四条 本法自2009年6月1日起施行。《中华人民共和国食品卫生法》同时废止。

二、《中华人民共和国食品安全法实施条例》

中华人民共和国食品安全法实施条例

已经2009年7月8日国务院第73次常务会议通过，现予公布，自公布之日（2009年7月20日）起施行。

第一章 总 则

第一条 根据《中华人民共和国食品安全法》（以下简称食品安全法），制定本条例。

第二条 县级以上地方人民政府应当履行食品安全法规定的职责；加强食品安全监督管理能力建设，为食品安全监督管理工作提供保障；建立健全食品安全监督管理部门的协调配合机制，整合、完善食品安全信息网络，实现食品安全信息共享和食品检验等技术资源的共享。

第三条 食品生产经营者应当依照法律、法规和食品安全标准从事生产经营活动，建立健全食品安全管理制度，采取有效管理措施，保证食品安全。

食品生产经营者对其生产经营的食品安全负责，对社会和公众负责，承担社会责任。

第四条 食品安全监督管理部门应当依照食品安全法和本条例的规定公布食品安全信息，为公众咨询、投诉、举报提供方便；任何组织和个人有权向有关部门了解食品安全信息。

第二章 食品安全风险监测和评估

第五条 食品安全法第十一条规定的国家食品安全风险监测计

划，由国务院卫生行政部门会同国务院质量监督、工商行政管理和国家食品药品监督管理以及国务院商务、工业和信息化等部门，根据食品安全风险评估、食品安全标准制定与修订、食品安全监督管理等工作的需要制定。

第六条 省、自治区、直辖市人民政府卫生行政部门应当组织同级质量监督、工商行政管理、食品药品监督管理、商务、工业和信息化等部门，依照食品安全法第十一条的规定，制定本行政区域的食品安全风险监测方案，报国务院卫生行政部门备案。

国务院卫生行政部门应当将备案情况向国务院质量监督、工商行政管理和国家食品药品监督管理以及国务院商务、工业和信息化等部门通报。

第七条 国务院卫生行政部门会同有关部门除依照食品安全法第十二条的规定对国家食品安全风险监测计划作出调整外，必要时，还应当依据医疗机构报告的有关疾病信息调整国家食品安全风险监测计划。

国家食品安全风险监测计划作出调整后，省、自治区、直辖市人民政府卫生行政部门应当结合本行政区域的具体情况，对本行政区域的食品安全风险监测方案作出相应调整。

第八条 医疗机构发现其接收的病人属于食源性疾病病人、食物中毒病人，或者疑似食源性疾病病人、疑似食物中毒病人的，应当及时向所在地县级人民政府卫生行政部门报告有关疾病信息。

接到报告的卫生行政部门应当汇总、分析有关疾病信息，及时向本级人民政府报告，同时报告上级卫生行政部门；必要时，可以直接向国务院卫生行政部门报告，同时报告本级人民政府和上级卫生行政部门。

第九条 食品安全风险监测工作由省级以上人民政府卫生行政部门会同同级质量监督、工商行政管理、食品药品监督管理等部门确定的技术机构承担。

承担食品安全风险监测工作的技术机构应当根据食品安全风险监测计划和监测方案开展监测工作，保证监测数据真实、准确，并按照食品安全风险监测计划和监测方案的要求，将监测数据和分析结果报送省级以上人民政府卫生行政部门和下达监测任务的部门。

食品安全风险监测工作人员采集样品、收集相关数据，可以进入相关食用农产品种植养殖、食品生产、食品流通或者餐饮服务场所。采集样品，应当按照市场价格支付费用。

第十条　食品安全风险监测分析结果表明可能存在食品安全隐患的，省、自治区、直辖市人民政府卫生行政部门应当及时将相关信息通报本行政区域设区的市级和县级人民政府及其卫生行政部门。

第十一条　国务院卫生行政部门应当收集、汇总食品安全风险监测数据和分析结果，并向国务院质量监督、工商行政管理和国家食品药品监督管理以及国务院商务、工业和信息化等部门通报。

第十二条　有下列情形之一的，国务院卫生行政部门应当组织食品安全风险评估工作：

（一）为制定或者修订食品安全国家标准提供科学依据需要进行风险评估的；

（二）为确定监督管理的重点领域、重点品种需要进行风险评估的；

（三）发现新的可能危害食品安全的因素的；

（四）需要判断某一因素是否构成食品安全隐患的；

（五）国务院卫生行政部门认为需要进行风险评估的其他情形。

第十三条　国务院农业行政、质量监督、工商行政管理和国家食品药品监督管理等有关部门依照食品安全法第十五条规定向国务院卫生行政部门提出食品安全风险评估建议，应当提供下列信息和资料：

（一）风险的来源和性质；

（二）相关检验数据和结论；

（三）风险涉及范围；

（四）其他有关信息和资料。

县级以上地方农业行政、质量监督、工商行政管理、食品药品监督管理等有关部门应当协助收集前款规定的食品安全风险评估信息和资料。

第十四条 省级以上人民政府卫生行政、农业行政部门应当及时相互通报食品安全风险监测和食用农产品质量安全风险监测的相关信息。

国务院卫生行政、农业行政部门应当及时相互通报食品安全风险评估结果和食用农产品质量安全风险评估结果等相关信息。

第三章 食品安全标准

第十五条 国务院卫生行政部门会同国务院农业行政、质量监督、工商行政管理和国家食品药品监督管理以及国务院商务、工业和信息化等部门制定食品安全国家标准规划及其实施计划。制定食品安全国家标准规划及其实施计划，应当公开征求意见。

第十六条 国务院卫生行政部门应当选择具备相应技术能力的单位起草食品安全国家标准草案。提倡由研究机构、教育机构、学术团体、行业协会等单位，共同起草食品安全国家标准草案。

国务院卫生行政部门应当将食品安全国家标准草案向社会公布，公开征求意见。

第十七条 食品安全法第二十三条规定的食品安全国家标准审评委员会由国务院卫生行政部门负责组织。

食品安全国家标准审评委员会负责审查食品安全国家标准草案的科学性和实用性等内容。

第十八条 省、自治区、直辖市人民政府卫生行政部门应当将企业依照食品安全法第二十五条规定报送备案的企业标准，向同级农业行政、质量监督、工商行政管理、食品药品监督管理、商务、工业和信息化等部门通报。

第十九条　国务院卫生行政部门和省、自治区、直辖市人民政府卫生行政部门应当会同同级农业行政、质量监督、工商行政管理、食品药品监督管理、商务、工业和信息化等部门，对食品安全国家标准和食品安全地方标准的执行情况分别进行跟踪评价，并应当根据评价结果适时组织修订食品安全标准。

国务院和省、自治区、直辖市人民政府的农业行政、质量监督、工商行政管理、食品药品监督管理、商务、工业和信息化等部门应当收集、汇总食品安全标准在执行过程中存在的问题，并及时向同级卫生行政部门通报。

食品生产经营者、食品行业协会发现食品安全标准在执行过程中存在问题的，应当立即向食品安全监督管理部门报告。

第四章　食品生产经营

第二十条　设立食品生产企业，应当预先核准企业名称，依照食品安全法的规定取得食品生产许可后，办理工商登记。县级以上质量监督管理部门依照有关法律、行政法规规定审核相关资料、核查生产场所、检验相关产品；对相关资料、场所符合规定要求以及相关产品符合食品安全标准或者要求的，应当作出准予许可的决定。

其他食品生产经营者应当在依法取得相应的食品生产许可、食品流通许可、餐饮服务许可后，办理工商登记。法律、法规对食品生产加工小作坊和食品摊贩另有规定的，依照其规定。

食品生产许可、食品流通许可和餐饮服务许可的有效期为3年。

第二十一条　食品生产经营者的生产经营条件发生变化，不符合食品生产经营要求的，食品生产经营者应当立即采取整改措施；有发生食品安全事故的潜在风险的，应当立即停止食品生产经营活动，并向所在地县级质量监督、工商行政管理或者食品药品监督管理部门报告；需要重新办理许可手续的，应当依法办理。

县级以上质量监督、工商行政管理、食品药品监督管理部门应当加强对食品生产经营者生产经营活动的日常监督检查；发现不符合食品生产经营要求情形的，应当责令立即纠正，并依法予以处理；不再符合生产经营许可条件的，应当依法撤销相关许可。

第二十二条 食品生产经营企业应当依照食品安全法第三十二条的规定组织职工参加食品安全知识培训，学习食品安全法律、法规、规章、标准和其他食品安全知识，并建立培训档案。

第二十三条 食品生产经营者应当依照食品安全法第三十四条的规定建立并执行从业人员健康检查制度和健康档案制度。从事接触直接入口食品工作的人员患有痢疾、伤寒、甲型病毒性肝炎、戊型病毒性肝炎等消化道传染病，以及患有活动性肺结核、化脓性或者渗出性皮肤病等有碍食品安全的疾病的，食品生产经营者应当将其调整到其他不影响食品安全的工作岗位。

食品生产经营人员依照食品安全法第三十四条第二款规定进行健康检查，其检查项目等事项应当符合所在地省、自治区、直辖市的规定。

第二十四条 食品生产经营企业应当依照食品安全法第三十六条第二款、第三十七条第一款、第三十九条第二款的规定建立进货查验记录制度、食品出厂检验记录制度，如实记录法律规定记录的事项，或者保留载有相关信息的进货或者销售票据。记录、票据的保存期限不得少于2年。

第二十五条 实行集中统一采购原料的集团性食品生产企业，可以由企业总部统一查验供货者的许可证和产品合格证明文件，进行进货查验记录；对无法提供合格证明文件的食品原料，应当依照食品安全标准进行检验。

第二十六条 食品生产企业应当建立并执行原料验收、生产过程安全管理、贮存管理、设备管理、不合格产品管理等食品安全管理制度，不断完善食品安全保障体系，保证食品安全。

第二十七条　食品生产企业应当就下列事项制定并实施控制要求，保证出厂的食品符合食品安全标准：

（一）原料采购、原料验收、投料等原料控制；

（二）生产工序、设备、贮存、包装等生产关键环节控制；

（三）原料检验、半成品检验、成品出厂检验等检验控制；

（四）运输、交付控制。

食品生产过程中有不符合控制要求情形的，食品生产企业应当立即查明原因并采取整改措施。

第二十八条　食品生产企业除依照食品安全法第三十六条、第三十七条规定进行进货查验记录和食品出厂检验记录外，还应当如实记录食品生产过程的安全管理情况。记录的保存期限不得少于2年。

第二十九条　从事食品批发业务的经营企业销售食品，应当如实记录批发食品的名称、规格、数量、生产批号、保质期、购货者名称及联系方式、销售日期等内容，或者保留载有相关信息的销售票据。记录、票据的保存期限不得少于2年。

第三十条　国家鼓励食品生产经营者采用先进技术手段，记录食品安全法和本条例要求记录的事项。

第三十一条　餐饮服务提供者应当制定并实施原料采购控制要求，确保所购原料符合食品安全标准。

餐饮服务提供者在制作加工过程中应当检查待加工的食品及原料，发现有腐败变质或者其他感官性状异常的，不得加工或者使用。

第三十二条　餐饮服务提供企业应当定期维护食品加工、贮存、陈列等设施、设备；定期清洗、校验保温设施及冷藏、冷冻设施。

餐饮服务提供者应当按照要求对餐具、饮具进行清洗、消毒，不得使用未经清洗和消毒的餐具、饮具。

第三十三条　对依照食品安全法第五十三条规定被召回的食品，食品生产者应当进行无害化处理或者予以销毁，防止其再次流入市场。对因标签、标识或者说明书不符合食品安全标准而被召回的食品，食品生产者在采取补救措施且能保证食品安全的情况下可以继续销售；销售时应当向消费者明示补救措施。

县级以上质量监督、工商行政管理、食品药品监督管理部门应当将食品生产者召回不符合食品安全标准的食品的情况，以及食品经营者停止经营不符合食品安全标准的食品的情况，记入食品生产经营者食品安全信用档案。

第五章　食品检验

第三十四条　申请人依照食品安全法第六十条第三款规定向承担复检工作的食品检验机构（以下称复检机构）申请复检，应当说明理由。

复检机构名录由国务院认证认可监督管理、卫生行政、农业行政等部门共同公布。复检机构出具的复检结论为最终检验结论。

复检机构由复检申请人自行选择。复检机构与初检机构不得为同一机构。

第三十五条　食品生产经营者对依照食品安全法第六十条规定进行的抽样检验结论有异议申请复检，复检结论表明食品合格的，复检费用由抽样检验的部门承担；复检结论表明食品不合格的，复检费用由食品生产经营者承担。

第六章　食品进出口

第三十六条　进口食品的进口商应当持合同、发票、装箱单、提单等必要的凭证和相关批准文件，向海关报关地的出入境检验检疫机构报检。进口食品应当经出入境检验检疫机构检验合格。海关凭出入境检验检疫机构签发的通关证明放行。

第三十七条　进口尚无食品安全国家标准的食品，或者首次进口食品添加剂新品种、食品相关产品新品种，进口商应当向出入境检验检疫机构提交依照食品安全法第六十三条规定取得的许可证明文件，出入境检验检疫机构应当按照国务院卫生行政部门的要求进行检验。

第三十八条　国家出入境检验检疫部门在进口食品中发现食品安全国家标准未规定且可能危害人体健康的物质，应当按照食品安全法第十二条的规定向国务院卫生行政部门通报。

第三十九条　向我国境内出口食品的境外食品生产企业依照食品安全法第六十五条规定进行注册，其注册有效期为4年。已经注册的境外食品生产企业提供虚假材料，或者因境外食品生产企业的原因致使相关进口食品发生重大食品安全事故的，国家出入境检验检疫部门应当撤销注册，并予以公告。

第四十条　进口的食品添加剂应当有中文标签、中文说明书。标签、说明书应当符合食品安全法和我国其他有关法律、行政法规的规定以及食品安全国家标准的要求，载明食品添加剂的原产地和境内代理商的名称、地址、联系方式。食品添加剂没有中文标签、中文说明书或者标签、说明书不符合本条规定的，不得进口。

第四十一条　出入境检验检疫机构依照食品安全法第六十二条规定对进口食品实施检验，依照食品安全法第六十八条规定对出口食品实施监督、抽检，具体办法由国家出入境检验检疫部门制定。

第四十二条　国家出入境检验检疫部门应当建立信息收集网络，依照食品安全法第六十九条的规定，收集、汇总、通报下列信息：

（一）出入境检验检疫机构对进出口食品实施检验检疫发现的食品安全信息；

（二）行业协会、消费者反映的进口食品安全信息；

（三）国际组织、境外政府机构发布的食品安全信息、风险预警信息，以及境外行业协会等组织、消费者反映的食品安全信息；

（四）其他食品安全信息。

接到通报的部门必要时应当采取相应处理措施。

食品安全监督管理部门应当及时将获知的涉及进出口食品安全的信息向国家出入境检验检疫部门通报。

第七章　食品安全事故处置

第四十三条　发生食品安全事故的单位对导致或者可能导致食品安全事故的食品及原料、工具、设备等，应当立即采取封存等控制措施，并自事故发生之时起2小时内向所在地县级人民政府卫生行政部门报告。

第四十四条　调查食品安全事故，应当坚持实事求是、尊重科学的原则，及时、准确查清事故性质和原因，认定事故责任，提出整改措施。

参与食品安全事故调查的部门应当在卫生行政部门的统一组织协调下分工协作、相互配合，提高事故调查处理的工作效率。

食品安全事故的调查处理办法由国务院卫生行政部门会同国务院有关部门制定。

第四十五条　参与食品安全事故调查的部门有权向有关单位和个人了解与事故有关的情况，并要求提供相关资料和样品。

有关单位和个人应当配合食品安全事故调查处理工作，按照要求提供相关资料和样品，不得拒绝。

第四十六条　任何单位或者个人不得阻挠、干涉食品安全事故的调查处理。

第八章　监督管理

第四十七条　县级以上地方人民政府依照食品安全法第七十六条规定制定的食品安全年度监督管理计划，应当包含食品抽样检验的内容。对专供婴幼儿、老年人、病人等特定人群的主辅食品，应当重点加强抽样检验。

县级以上农业行政、质量监督、工商行政管理、食品药品监督管理部门应当按照食品安全年度监督管理计划进行抽样检验。抽样检验购买样品所需费用和检验费等，由同级财政列支。

第四十八条 县级人民政府应当统一组织、协调本级卫生行政、农业行政、质量监督、工商行政管理、食品药品监督管理部门，依法对本行政区域内的食品生产经营者进行监督管理；对发生食品安全事故风险较高的食品生产经营者，应当重点加强监督管理。

在国务院卫生行政部门公布食品安全风险警示信息，或者接到所在地省、自治区、直辖市人民政府卫生行政部门依照本条例第十条规定通报的食品安全风险监测信息后，设区的市级和县级人民政府应当立即组织本级卫生行政、农业行政、质量监督、工商行政管理、食品药品监督管理部门采取有针对性的措施，防止发生食品安全事故。

第四十九条 国务院卫生行政部门应当根据疾病信息和监督管理信息等，对发现的添加或者可能添加到食品中的非食品用化学物质和其他可能危害人体健康的物质的名录及检测方法予以公布；国务院质量监督、工商行政管理和国家食品药品监督管理部门应当采取相应的监督管理措施。

第五十条 质量监督、工商行政管理、食品药品监督管理部门在食品安全监督管理工作中可以采用国务院质量监督、工商行政管理和国家食品药品监督管理部门认定的快速检测方法对食品进行初步筛查；对初步筛查结果表明可能不符合食品安全标准的食品，应当依照食品安全法第六十条第三款的规定进行检验。初步筛查结果不得作为执法依据。

第五十一条 食品安全法第八十二条第二款规定的食品安全日常监督管理信息包括：

（一）依照食品安全法实施行政许可的情况；

（二）责令停止生产经营的食品、食品添加剂、食品相关产品的名录；

（三）查处食品生产经营违法行为的情况；

（四）专项检查整治工作情况；

（五）法律、行政法规规定的其他食品安全日常监督管理信息。

前款规定的信息涉及两个以上食品安全监督管理部门职责的，由相关部门联合公布。

第五十二条 食品安全监督管理部门依照食品安全法第八十二条规定公布信息，应当同时对有关食品可能产生的危害进行解释、说明。

第五十三条 卫生行政、农业行政、质量监督、工商行政管理、食品药品监督管理等部门应当公布本单位的电子邮件地址或者电话，接受咨询、投诉、举报；对接到的咨询、投诉、举报，应当依照食品安全法第八十条的规定进行答复、核实、处理，并对咨询、投诉、举报和答复、核实、处理的情况予以记录、保存。

第五十四条 国务院工业和信息化、商务等部门依据职责制定食品行业的发展规划和产业政策，采取措施推进产业结构优化，加强对食品行业诚信体系建设的指导，促进食品行业健康发展。

第九章　法律责任

第五十五条 食品生产经营者的生产经营条件发生变化，未依照本条例第二十一条规定处理的，由有关主管部门责令改正，给予警告；造成严重后果的，依照食品安全法第八十五条的规定给予处罚。

第五十六条 餐饮服务提供者未依照本条例第三十一条第一款规定制定、实施原料采购控制要求的，依照食品安全法第八十六条的规定给予处罚。

餐饮服务提供者未依照本条例第三十一条第二款规定检查待加工的食品及原料，或者发现有腐败变质或者其他感官性状异常仍加工、使用的，依照食品安全法第八十五条的规定给予处罚。

第五十七条　有下列情形之一的，依照食品安全法第八十七条的规定给予处罚：

（一）食品生产企业未依照本条例第二十六条规定建立、执行食品安全管理制度的；

（二）食品生产企业未依照本条例第二十七条规定制定、实施生产过程控制要求，或者食品生产过程中有不符合控制要求的情形未依照规定采取整改措施的；

（三）食品生产企业未依照本条例第二十八条规定记录食品生产过程的安全管理情况并保存相关记录的；

（四）从事食品批发业务的经营企业未依照本条例第二十九条规定记录、保存销售信息或者保留销售票据的；

（五）餐饮服务提供企业未依照本条例第三十二条第一款规定定期维护、清洗、校验设施、设备的；

（六）餐饮服务提供者未依照本条例第三十二条第二款规定对餐具、饮具进行清洗、消毒，或者使用未经清洗和消毒的餐具、饮具的。

第五十八条　进口不符合本条例第四十条规定的食品添加剂的，由出入境检验检疫机构没收违法进口的食品添加剂；违法进口的食品添加剂货值金额不足1万元的，并处2000元以上5万元以下罚款；货值金额1万元以上的，并处货值金额2倍以上5倍以下罚款。

第五十九条　医疗机构未依照本条例第八条规定报告有关疾病信息的，由卫生行政部门责令改正，给予警告。

第六十条　发生食品安全事故的单位未依照本条例第四十三条规定采取措施并报告的，依照食品安全法第八十八条的规定给予处罚。

第六十一条　县级以上地方人民政府不履行食品安全监督管理法定职责，本行政区域出现重大食品安全事故、造成严重社会影响的，依法对直接负责的主管人员和其他直接责任人员给予记大过、降级、撤职或者开除的处分。

县级以上卫生行政、农业行政、质量监督、工商行政管理、食品药品监督管理部门或者其他有关行政部门不履行食品安全监督管理法定职责、日常监督检查不到位或者滥用职权、玩忽职守、徇私舞弊的，依法对直接负责的主管人员和其他直接责任人员给予记大过或者降级的处分；造成严重后果的，给予撤职或者开除的处分；其主要负责人应当引咎辞职。

第十章　附　　则

第六十二条　本条例下列用语的含义：

食品安全风险评估，指对食品、食品添加剂中生物性、化学性和物理性危害对人体健康可能造成的不良影响所进行的科学评估，包括危害识别、危害特征描述、暴露评估、风险特征描述等。

餐饮服务，指通过即时制作加工、商业销售和服务性劳动等，向消费者提供食品和消费场所及设施的服务活动。

第六十三条　食用农产品质量安全风险监测和风险评估由县级以上人民政府农业行政部门依照《中华人民共和国农产品质量安全法》的规定进行。

国境口岸食品的监督管理由出入境检验检疫机构依照食品安全法和本条例以及有关法律、行政法规的规定实施。

食品药品监督管理部门对声称具有特定保健功能的食品实行严格监管，具体办法由国务院另行制定。

第六十四条　本条例自公布之日起施行。

三、《中华人民共和国农产品质量安全法》法条摘录

《中华人民共和国农产品质量安全法》已由中华人民共和国第十届全国人民代表大会常务委员会第二十一次会议于2006年4月29日通过，现予公布，自2006年11月1日起施行。

第二条　本法所称农产品，是指来源于农业的初级产品，即在农业活动中获得的植物、动物、微生物及其产品。

本法所称农产品质量安全，是指农产品质量符合保障人的健康、安全的要求。

第三条　县级以上人民政府农业行政主管部门负责农产品质量安全的监督管理工作；县级以上人民政府有关部门按照职责分工，负责农产品质量安全的有关工作。

第十七条　禁止在有毒有害物质超过规定标准的区域生产、捕捞、采集食用农产品和建立农产品生产基地。

第十八条　禁止违反法律、法规的规定向农产品产地排放或者倾倒废水、废气、固体废物或者其他有毒有害物质。

农业生产用水和用作肥料的固体废物，应当符合国家规定的标准。

第十九条　农产品生产者应当合理使用化肥、农药、兽药、农用薄膜等化工产品，防止对农产品产地造成污染。

第二十一条　对可能影响农产品质量安全的农药、兽药、饲料和饲料添加剂、肥料、兽医器械，依照有关法律、行政法规的规定实行许可制度。

国务院农业行政主管部门和省、自治区、直辖市人民政府农业行政主管部门应当定期对可能危及农产品质量安全的农药、兽药、

饲料和饲料添加剂、肥料等农业投入品进行监督抽查，并公布抽查结果。

第二十四条 农产品生产企业和农民专业合作经济组织应当建立农产品生产记录，如实记载下列事项：

（一）使用农业投入品的名称、来源、用法、用量和使用、停用的日期；

（二）动物疫病、植物病虫草害的发生和防治情况；

（三）收获、屠宰或者捕捞的日期。

农产品生产记录应当保存二年。禁止伪造农产品生产记录。

国家鼓励其他农产品生产者建立农产品生产记录。

第二十五条 农产品生产者应当按照法律、行政法规和国务院农业行政主管部门的规定，合理使用农业投入品，严格执行农业投入品使用安全间隔期或者休药期的规定，防止危及农产品质量安全。

禁止在农产品生产过程中使用国家明令禁止使用的农业投入品。

第二十八条 农产品生产企业、农民专业合作经济组织以及从事农产品收购的单位或者个人销售的农产品，按照规定应当包装或者附加标识的，须经包装或者附加标识后方可销售。包装物或者标识上应当按照规定标明产品的品名、产地、生产者、生产日期、保质期、产品质量等级等内容；使用添加剂的，还应当按照规定标明添加剂的名称。具体办法由国务院农业行政主管部门制定。

第二十九条 农产品在包装、保鲜、贮存、运输中所使用的保鲜剂、防腐剂、添加剂等材料，应当符合国家有关强制性的技术规范。

第三十条 属于农业转基因生物的农产品，应当按照农业转基因生物安全管理的有关规定进行标识。

第三十一条 依法需要实施检疫的动植物及其产品，应当附具检疫合格标志、检疫合格证明。

第三十二条 销售的农产品必须符合农产品质量安全标准，生产者可以申请使用无公害农产品标志。农产品质量符合国家规定的有关优质农产品标准的，生产者可以申请使用相应的农产品质量标志。

禁止冒用前款规定的农产品质量标志。

第三十三条　有下列情形之一的农产品，不得销售：

（一）含有国家禁止使用的农药、兽药或者其他化学物质的；

（二）农药、兽药等化学物质残留或者含有的重金属等有毒有害物质不符合农产品质量安全标准的；

（三）含有的致病性寄生虫、微生物或者生物毒素不符合农产品质量安全标准的；

（四）使用的保鲜剂、防腐剂、添加剂等材料不符合国家有关强制性的技术规范的；

（五）其他不符合农产品质量安全标准的。

第三十六条　农产品生产者、销售者对监督抽查检测结果有异议的，可以自收到检测结果之日起五日内，向组织实施农产品质量安全监督抽查的农业行政主管部门或者其上级农业行政主管部门申请复检。

采用国务院农业行政主管部门会同有关部门认定的快速检测方法进行农产品质量安全监督抽查检测，被抽查人对检测结果有异议的，可以自收到检测结果时起四小时内申请复检。复检不得采用快速检测方法。

因检测结果错误给当事人造成损害的，依法承担赔偿责任。

第三十七条　农产品批发市场应当设立或者委托农产品质量安全检测机构，对进场销售的农产品质量安全状况进行抽查检测；发现不符合农产品质量安全标准的，应当要求销售者立即停止销售，并向农业行政主管部门报告。

农产品销售企业对其销售的农产品，应当建立健全进货检查验收制度；经查验不符合农产品质量安全标准的，不得销售。

第三十八条 国家鼓励单位和个人对农产品质量安全进行社会监督。任何单位和个人都有权对违反本法的行为进行检举、揭发和控告。有关部门收到相关的检举、揭发和控告后，应当及时处理。

第三十九条 县级以上人民政府农业行政主管部门在农产品质量安全监督检查中，可以对生产、销售的农产品进行现场检查，调查了解农产品质量安全的有关情况，查阅、复制与农产品质量安全有关的记录和其他资料；对经检测不符合农产品质量安全标准的农产品，有权查封、扣押。

第四十条 发生农产品质量安全事故时，有关单位和个人应当采取控制措施，及时向所在地乡级人民政府和县级人民政府农业行政主管部门报告；收到报告的机关应当及时处理并报上一级人民政府和有关部门。发生重大农产品质量安全事故时，农业行政主管部门应当及时通报同级食品药品监督管理部门。

四、《中华人民共和国行政强制法》法条摘录

（第十一届全国人民代表大会常务委员会第二十一次会议2011年6月30日通过，自2012年1月1日起施行。）

第二条 本法所称行政强制，包括行政强制措施和行政强制执行。

行政强制措施，是指行政机关在行政管理过程中，为制止违法行为、防止证据损毁、避免危害发生、控制危险扩大等情形，依法对公民的人身自由实施暂时性限制，或者对公民、法人或者其他组织的财物实施暂时性控制的行为。

行政强制执行，是指行政机关或者行政机关申请人民法院，对不履行行政决定的公民、法人或者其他组织，依法强制履行义务的行为。

第三条 行政强制的设定和实施，适用本法。

发生或者即将发生自然灾害、事故灾难、公共卫生事件或者社会安全事件等突发事件，行政机关采取应急措施或者临时措施，依照有关法律、行政法规的规定执行。

行政机关采取金融业审慎监管措施、进出境货物强制性技术监控措施，依照有关法律、行政法规的规定执行。

第四条 行政强制的设定和实施，应当依照法定的权限、范围、条件和程序。

第五条 行政强制的设定和实施，应当适当。采用非强制手段可以达到行政管理目的的，不得设定和实施行政强制。

第六条 实施行政强制，应当坚持教育与强制相结合。

第八条 公民、法人或者其他组织对行政机关实施行政强制，

享有陈述权、申辩权；有权依法申请行政复议或者提起行政诉讼；因行政机关违法实施行政强制受到损害的，有权依法要求赔偿。

公民、法人或者其他组织因人民法院在强制执行中有违法行为或者扩大强制执行范围受到损害的，有权依法要求赔偿。

第九条 行政强制措施的种类：

（一）限制公民人身自由；

（二）查封场所、设施或者财物；

（三）扣押财物；

（四）冻结存款、汇款；

（五）其他行政强制措施。

第十条 行政强制措施由法律设定。

尚未制定法律，且属于国务院行政管理职权事项的，行政法规可以设定除本法第九条第一项、第四项和应当由法律规定的行政强制措施以外的其他行政强制措施。

尚未制定法律、行政法规，且属于地方性事务的，地方性法规可以设定本法第九条第二项、第三项的行政强制措施。

法律、法规以外的其他规范性文件不得设定行政强制措施。

第十一条 法律对行政强制措施的对象、条件、种类作了规定的，行政法规、地方性法规不得作出扩大规定。

法律中未设定行政强制措施的，行政法规、地方性法规不得设定行政强制措施。但是，法律规定特定事项由行政法规规定具体管理措施的，行政法规可以设定除本法第九条第一项、第四项和应当由法律规定的行政强制措施以外的其他行政强制措施。

第十二条 行政强制执行的方式：

（一）加处罚款或者滞纳金；

（二）划拨存款、汇款；

（三）拍卖或者依法处理查封、扣押的场所、设施或者财物；

（四）排除妨碍、恢复原状；

（五）代履行；

（六）其他强制执行方式。

第十三条　行政强制执行由法律设定。

法律没有规定行政机关强制执行的，作出行政决定的行政机关应当申请人民法院强制执行。

第十七条　行政强制措施由法律、法规规定的行政机关在法定职权范围内实施。行政强制措施权不得委托。

依据《中华人民共和国行政处罚法》的规定行使相对集中行政处罚权的行政机关，可以实施法律、法规规定的与行政处罚权有关的行政强制措施。

行政强制措施应当由行政机关具备资格的行政执法人员实施，其他人员不得实施。

第十八条　行政机关实施行政强制措施应当遵守下列规定：

（一）实施前须向行政机关负责人报告并经批准；

（二）由两名以上行政执法人员实施；

（三）出示执法身份证件；

（四）通知当事人到场；

（五）当场告知当事人采取行政强制措施的理由、依据以及当事人依法享有的权利、救济途径；

（六）听取当事人的陈述和申辩；

（七）制作现场笔录；

（八）现场笔录由当事人和行政执法人员签名或者盖章，当事人拒绝的，在笔录中予以注明；

（九）当事人不到场的，邀请见证人到场，由见证人和行政执法人员在现场笔录上签名或者盖章；

（十）法律、法规规定的其他程序。

第十九条　情况紧急，需要当场实施行政强制措施的，行政执法人员应当在二十四小时内向行政机关负责人报告，并补办批准手续。行政机关负责人认为不应当采取行政强制措施的，应当立即解除。

第二十条 依照法律规定实施限制公民人身自由的行政强制措施，除应当履行本法第十八条规定的程序外，还应当遵守下列规定：

（一）当场告知或者实施行政强制措施后立即通知当事人家属实施行政强制措施的行政机关、地点和期限；

（二）在紧急情况下当场实施行政强制措施的，在返回行政机关后，立即向行政机关负责人报告并补办批准手续；

（三）法律规定的其他程序。

实施限制人身自由的行政强制措施不得超过法定期限。实施行政强制措施的目的已经达到或者条件已经消失，应当立即解除。

第二十二条 查封、扣押应当由法律、法规规定的行政机关实施，其他任何行政机关或者组织不得实施。

第二十三条 查封、扣押限于涉案的场所、设施或者财物，不得查封、扣押与违法行为无关的场所、设施或者财物；不得查封、扣押公民个人及其所扶养家属的生活必需品。

当事人的场所、设施或者财物已被其他国家机关依法查封的，不得重复查封。

第二十四条 行政机关决定实施查封、扣押的，应当履行本法第十八条规定的程序，制作并当场交付查封、扣押决定书和清单。

查封、扣押决定书应当载明下列事项：

（一）当事人的姓名或者名称、地址；

（二）查封、扣押的理由、依据和期限；

（三）查封、扣押场所、设施或者财物的名称、数量等；

（四）申请行政复议或者提起行政诉讼的途径和期限；

（五）行政机关的名称、印章和日期。

查封、扣押清单一式二份，由当事人和行政机关分别保存。

第二十五条 查封、扣押的期限不得超过三十日；情况复杂的，经行政机关负责人批准，可以延长，但是延长期限不得超过三十日。法律、行政法规另有规定的除外。

延长查封、扣押的决定应当及时书面告知当事人，并说明理由。

对物品需要进行检测、检验、检疫或者技术鉴定的，查封、扣押的期间不包括检测、检验、检疫或者技术鉴定的期间。检测、检验、检疫或者技术鉴定的期间应当明确，并书面告知当事人。检测、检验、检疫或者技术鉴定的费用由行政机关承担。

第二十六条　对查封、扣押的场所、设施或者财物，行政机关应当妥善保管，不得使用或者损毁；造成损失的，应当承担赔偿责任。

对查封的场所、设施或者财物，行政机关可以委托第三人保管，第三人不得损毁或者擅自转移、处置。因第三人的原因造成的损失，行政机关先行赔付后，有权向第三人追偿。

因查封、扣押发生的保管费用由行政机关承担。

第二十七条　行政机关采取查封、扣押措施后，应当及时查清事实，在本法第二十五条规定的期限内作出处理决定。对违法事实清楚，依法应当没收的非法财物予以没收；法律、行政法规规定应当销毁的，依法销毁；应当解除查封、扣押的，作出解除查封、扣押的决定。

第二十八条　有下列情形之一的，行政机关应当及时作出解除查封、扣押决定：

（一）当事人没有违法行为；

（二）查封、扣押的场所、设施或者财物与违法行为无关；

（三）行政机关对违法行为已经作出处理决定，不再需要查封、扣押；

（四）查封、扣押期限已经届满；

（五）其他不再需要采取查封、扣押措施的情形。

解除查封、扣押应当立即退还财物；已将鲜活物品或者其他不易保管的财物拍卖或者变卖的，退还拍卖或者变卖所得款项。变卖价格明显低于市场价格，给当事人造成损失的，应当给予补偿。

第二十九条 冻结存款、汇款应当由法律规定的行政机关实施，不得委托给其他行政机关或者组织；其他任何行政机关或者组织不得冻结存款、汇款。

冻结存款、汇款的数额应当与违法行为涉及的金额相当；已被其他国家机关依法冻结的，不得重复冻结。

第三十条 行政机关依照法律规定决定实施冻结存款、汇款的，应当履行本法第十八条第一项、第二项、第三项、第七项规定的程序，并向金融机构交付冻结通知书。

金融机构接到行政机关依法作出的冻结通知书后，应当立即予以冻结，不得拖延，不得在冻结前向当事人泄露信息。

法律规定以外的行政机关或者组织要求冻结当事人存款、汇款的，金融机构应当拒绝。

第三十一条 依照法律规定冻结存款、汇款的，作出决定的行政机关应当在三日内向当事人交付冻结决定书。冻结决定书应当载明下列事项：

（一）当事人的姓名或者名称、地址；

（二）冻结的理由、依据和期限；

（三）冻结的账号和数额；

（四）申请行政复议或者提起行政诉讼的途径和期限；

（五）行政机关的名称、印章和日期。

第三十二条 自冻结存款、汇款之日起三十日内，行政机关应当作出处理决定或者作出解除冻结决定；情况复杂的，经行政机关负责人批准，可以延长，但是延长期限不得超过三十日。法律另有规定的除外。

延长冻结的决定应当及时书面告知当事人，并说明理由。

第三十三条 有下列情形之一的，行政机关应当及时作出解除冻结决定：

（一）当事人没有违法行为；

（二）冻结的存款、汇款与违法行为无关；

（三）行政机关对违法行为已经作出处理决定，不再需要冻结；

（四）冻结期限已经届满；

（五）其他不再需要采取冻结措施的情形。

行政机关作出解除冻结决定的，应当及时通知金融机构和当事人。金融机构接到通知后，应当立即解除冻结。

行政机关逾期未作出处理决定或者解除冻结决定的，金融机构应当自冻结期满之日起解除冻结。

第三十四条 行政机关依法作出行政决定后，当事人在行政机关决定的期限内不履行义务的，具有行政强制执行权的行政机关依照本章规定强制执行。

第三十五条 行政机关作出强制执行决定前，应当事先催告当事人履行义务。催告应当以书面形式作出，并载明下列事项：

（一）履行义务的期限；

（二）履行义务的方式；

（三）涉及金钱给付的，应当有明确的金额和给付方式；

（四）当事人依法享有的陈述权和申辩权。

第三十六条 当事人收到催告书后有权进行陈述和申辩。行政机关应当充分听取当事人的意见，对当事人提出的事实、理由和证据，应当进行记录、复核。当事人提出的事实、理由或者证据成立的，行政机关应当采纳。

第三十七条 经催告，当事人逾期仍不履行行政决定，且无正当理由的，行政机关可以作出强制执行决定。

强制执行决定应当以书面形式作出，并载明下列事项：

（一）当事人的姓名或者名称、地址；

（二）强制执行的理由和依据；

（三）强制执行的方式和时间；

（四）申请行政复议或者提起行政诉讼的途径和期限；

（五）行政机关的名称、印章和日期。

在催告期间，对有证据证明有转移或者隐匿财物迹象的，行政机关可以作出立即强制执行决定。

第三十八条 催告书、行政强制执行决定书应当直接送达当事人。当事人拒绝接收或者无法直接送达当事人的，应当依照《中华人民共和国民事诉讼法》的有关规定送达。

第三十九条 有下列情形之一的，中止执行：

（一）当事人履行行政决定确有困难或者暂无履行能力的；

（二）第三人对执行标的主张权利，确有理由的；

（三）执行可能造成难以弥补的损失，且中止执行不损害公共利益的；

（四）行政机关认为需要中止执行的其他情形。

中止执行的情形消失后，行政机关应当恢复执行。对没有明显社会危害，当事人确无能力履行，中止执行满三年未恢复执行的，行政机关不再执行。

第四十条 有下列情形之一的，终结执行：

（一）公民死亡，无遗产可供执行，又无义务承受人的；

（二）法人或者其他组织终止，无财产可供执行，又无义务承受人的；

（三）执行标的灭失的；

（四）据以执行的行政决定被撤销的；

（五）行政机关认为需要终结执行的其他情形。

第四十一条 在执行中或者执行完毕后，据以执行的行政决定被撤销、变更，或者执行错误的，应当恢复原状或者退还财物；不能恢复原状或者退还财物的，依法给予赔偿。

第四十二条 实施行政强制执行，行政机关可以在不损害公共利益和他人合法权益的情况下，与当事人达成执行协议。执行协议可以约定分阶段履行；当事人采取补救措施的，可以减免加处的罚款或者滞纳金。

执行协议应当履行。当事人不履行执行协议的，行政机关应当恢复强制执行。

第四十三条　行政机关不得在夜间或者法定节假日实施行政强制执行。但是，情况紧急的除外。

行政机关不得对居民生活采取停止供水、供电、供热、供燃气等方式迫使当事人履行相关行政决定。

第四十四条　对违法的建筑物、构筑物、设施等需要强制拆除的，应当由行政机关予以公告，限期当事人自行拆除。当事人在法定期限内不申请行政复议或者提起行政诉讼，又不拆除的，行政机关可以依法强制拆除。

第四十五条　行政机关依法作出金钱给付义务的行政决定，当事人逾期不履行的，行政机关可以依法加处罚款或者滞纳金。加处罚款或者滞纳金的标准应当告知当事人。

加处罚款或者滞纳金的数额不得超出金钱给付义务的数额。

第四十六条　行政机关依照本法第四十五条规定实施加处罚款或者滞纳金超过三十日，经催告当事人仍不履行的，具有行政强制执行权的行政机关可以强制执行。

行政机关实施强制执行前，需要采取查封、扣押、冻结措施的，依照本法第三章规定办理。

没有行政强制执行权的行政机关应当申请人民法院强制执行。但是，当事人在法定期限内不申请行政复议或者提起行政诉讼，经催告仍不履行的，在实施行政管理过程中已经采取查封、扣押措施的行政机关，可以将查封、扣押的财物依法拍卖抵缴罚款。

第四十七条　划拨存款、汇款应当由法律规定的行政机关决定，并书面通知金融机构。金融机构接到行政机关依法作出划拨存款、汇款的决定后，应当立即划拨。

法律规定以外的行政机关或者组织要求划拨当事人存款、汇款的，金融机构应当拒绝。

第五十条 行政机关依法作出要求当事人履行排除妨碍、恢复原状等义务的行政决定，当事人逾期不履行，经催告仍不履行，其后果已经或者将危害交通安全、造成环境污染或者破坏自然资源的，行政机关可以代履行，或者委托没有利害关系的第三人代履行。

第五十一条 代履行应当遵守下列规定：

（一）代履行前送达决定书，代履行决定书应当载明当事人的姓名或者名称、地址，代履行的理由和依据、方式和时间、标的、费用预算以及代履行人；

（二）代履行三日前，催告当事人履行，当事人履行的，停止代履行；

（三）代履行时，作出决定的行政机关应当派员到场监督；

（四）代履行完毕，行政机关到场监督的工作人员、代履行人和当事人或者见证人应当在执行文书上签名或者盖章。

代履行的费用按照成本合理确定，由当事人承担。但是，法律另有规定的除外。

代履行不得采用暴力、胁迫以及其他非法方式。

第五十三条 当事人在法定期限内不申请行政复议或者提起行政诉讼，又不履行行政决定的，没有行政强制执行权的行政机关可以自期限届满之日起三个月内，依照本章规定申请人民法院强制执行。

第五十四条 行政机关申请人民法院强制执行前，应当催告当事人履行义务。催告书送达十日后当事人仍未履行义务的，行政机关可以向所在地有管辖权的人民法院申请强制执行；执行对象是不动产的，向不动产所在地有管辖权的人民法院申请强制执行。

第五十六条 人民法院接到行政机关强制执行的申请，应当在五日内受理。

行政机关对人民法院不予受理的裁定有异议的，可以在十五日内向上一级人民法院申请复议，上一级人民法院应当自收到复议申请之日起十五日内作出是否受理的裁定。

第五十七条 人民法院对行政机关强制执行的申请进行书面审查，对符合本法第五十五条规定，且行政决定具备法定执行效力的，除本法第五十八条规定的情形外，人民法院应当自受理之日起七日内作出执行裁定。

第五十八条 人民法院发现有下列情形之一的，在作出裁定前可以听取被执行人和行政机关的意见：

（一）明显缺乏事实根据的；

（二）明显缺乏法律、法规依据的；

（三）其他明显违法并损害被执行人合法权益的。

人民法院应当自受理之日起三十日内作出是否执行的裁定。裁定不予执行的，应当说明理由，并在五日内将不予执行的裁定送达行政机关。

行政机关对人民法院不予执行的裁定有异议的，可以自收到裁定之日起十五日内向上一级人民法院申请复议，上一级人民法院应当自收到复议申请之日起三十日内作出是否执行的裁定。

第六十一条 行政机关实施行政强制，有下列情形之一的，由上级行政机关或者有关部门责令改正，对直接负责的主管人员和其他直接责任人员依法给予处分：

（一）没有法律、法规依据的；

（二）改变行政强制对象、条件、方式的；

（三）违反法定程序实施行政强制的；

（四）违反本法规定，在夜间或者法定节假日实施行政强制执行的；

（五）对居民生活采取停止供水、供电、供热、供燃气等方式迫使当事人履行相关行政决定的；

（六）有其他违法实施行政强制情形的。

第六十二条 违反本法规定，行政机关有下列情形之一的，由上级行政机关或者有关部门责令改正，对直接负责的主管人员和其他直接责任人员依法给予处分：

（一）扩大查封、扣押、冻结范围的；

（二）使用或者损毁查封、扣押场所、设施或者财物的；

（三）在查封、扣押法定期间不作出处理决定或者未依法及时解除查封、扣押的；

（四）在冻结存款、汇款法定期间不作出处理决定或者未依法及时解除冻结的。

第六十三条 行政机关将查封、扣押的财物或者划拨的存款、汇款以及拍卖和依法处理所得的款项，截留、私分或者变相私分的，由财政部门或者有关部门予以追缴；对直接负责的主管人员和其他直接责任人员依法给予记大过、降级、撤职或者开除的处分。

行政机关工作人员利用职务上的便利，将查封、扣押的场所、设施或者财物据为己有的，由上级行政机关或者有关部门责令改正，依法给予记大过、降级、撤职或者开除的处分。

第六十四条 行政机关及其工作人员利用行政强制权为单位或者个人谋取利益的，由上级行政机关或者有关部门责令改正，对直接负责的主管人员和其他直接责任人员依法给予处分。

第六十七条 人民法院及其工作人员在强制执行中有违法行为或者扩大强制执行范围的，对直接负责的主管人员和其他直接责任人员依法给予处分。

第六十八条 违反本法规定，给公民、法人或者其他组织造成损失的，依法给予赔偿。

违反本法规定，构成犯罪的，依法追究刑事责任。

第六十九条 本法中十日以内期限的规定是指工作日，不含法定节假日。

第七十条　法律、行政法规授权的具有管理公共事务职能的组织在法定授权范围内，以自己的名义实施行政强制，适用本法有关行政机关的规定。

第七十一条　本法自2012年1月1日起施行。

五、《中华人民共和国产品质量法》法条摘录

1993年2月22日第七届全国人民代表大会常务委员会第三十次会议通过，第71号主席令发布，1993年9月1日实施；2000年修改，2000年9月1日实施。

第四条 禁止伪造或者冒用认证标志、名优标志等质量标志；禁止伪造产品的产地，伪造或者冒用他人的厂名、厂址；禁止在生产、销售的产品中掺杂、掺假，以假充真、以次充好。

第六条 国务院产品质量监督管理部门负责全国产品质量监督管理工作。国务院有关部门在各自的职责范围内负责产品质量监督管理工作。

县级以上地方人民政府管理产品质量监督工作的部门负责本行政区域内的产品质量监督管理工作。

第十条 国家对产品质量实行以抽查为主要方式的监督检查制度，对可能危及人体健康和人身、财产安全的产品，影响国计民生的重要工业产品以及用户、消费者、有关组织反映有质量问题的产品进行抽查。监督抽查工作由国务院产品质量监督管理部门规划和组织。县级以上地方人民政府管理产品质量监督工作的部门在本行政区域内也可以组织监督抽查，但是要防止重复抽查。产品质量抽查的结果应当公布。法律对产品质量的监督检查另有规定的，依照有关法律的规定执行。

根据监督抽查的需要，可以对产品进行检验，但不得向企业收取检验费用。监督抽查所需检验费用按照国务院规定列支。

第十二条 用户、消费者有权就产品质量问题，向产品的生产者、销售者查询；向产品质量监督管理部门、工商行政管理部门及

有关部门申诉，有关部门应当负责处理。

第十三条　保护消费者权益的社会组织可以就消费者反映的产品质量问题建议有关部门负责处理，支持消费者对因产品质量造成的损害向人民法院起诉。

第十四条　生产者应当对其生产的产品质量负责。产品质量应当符合下列要求：

（一）不存在危及人身、财产安全的不合理的危险，有保障人体健康，人身、财产安全的国家标准、行业标准的，应当符合该标准；

（二）具备产品应当具备的使用性能，但是，对产品存在使用性能的瑕疵作出说明的除外；

（三）符合在产品或者其包装上注明采用的产品标准，符合以产品说明、实物样品等方式表明的质量状况。

第十五条　产品或者其包装上的标识应当符合下列要求：

（一）有产品质量检验合格证明；

（二）有中文标明的产品名称、生产厂厂名和厂址；

（三）根据产品的特点和使用要求，需要标明产品规格、等级、所含主要成份的名称和含量的，相应予以标明；

（四）限期使用的产品，标明生产日期和安全使用期或者失效日期；

（五）使用不当，容易造成产品本身损坏或者可能危及人身、财产安全的产品，有警示标志或者中文警示说明。

裸装的食品和其他根据产品的特点难以附加标识的裸装产品，可以不附加产品标识。

第十六条　剧毒、危险、易碎、储运中不能倒置以及有其他特殊要求的产品，其包装必须符合相应要求，有警示标志或者中文警示说明标明储运注意事项。

第十七条　生产者不得生产国家明令淘汰的产品。

第十八条　生产者不得伪造产地，不得伪造或者冒用他人的厂

名、厂址。

第十九条 生产者不得伪造或者冒用认证标志、名优标志等质量标志。

第二十条 生产者生产产品，不得掺杂、掺假，不得以假充真、以次充好，不得以不合格产品冒充合格产品。

第二十九条 因产品存在缺陷造成人身、缺陷产品以外的其他财产（以下简称他人财产）损害的，生产者应当承担赔偿责任。

生产者能够证明有下列情形之一的，不承担赔偿责任：

（一）未将产品投入流通的；

（二）产品投入流通时，引起损害的缺陷尚不存在的；

（三）将产品投入流通时的科学技术水平尚不能发现缺陷的存在的。

第三十条 由于销售者的过错使产品存在缺陷，造成人身、他人财产损害的，销售者应当承担赔偿责任。

销售者不能指明缺陷产品的生产者也不能指明缺陷产品的供货者的，销售者应当承担赔偿责任。

第三十一条 因产品存在缺陷造成人身、他人财产损害的，受害人可以向产品的生产者要求赔偿，也可以向产品的销售者要求赔偿。属于产品的生产者的责任，产品的销售者赔偿的，产品的销售者有权向产品的生产者追偿。属于产品的销售者的责任，产品的生产者赔偿的，产品的生产者有权向产品的销售者追偿。

第三十二条 因产品存在缺陷造成受害人人身伤害的，侵害人应当赔偿医疗费、因误工减少的收入、残废者生活补助费等费用；造成受害人死亡的，并应当支付丧葬费、抚恤费、死者生前抚养的人必要的生活费等费用。

因产品存在缺陷造成受害人财产损失的，侵害人应当恢复原状或者折价赔偿。受害人因此遭受其他重大损失的，侵害人应当赔偿损失。

第三十三条　因产品存在缺陷造成损害要求赔偿的诉讼时效期间为二年，自当事人知道或者应当知道其权益受到损害时起计算。

因产品存在缺陷造成损害要求赔偿的请求权，在造成损害的缺陷产品交付最初用户、消费者满十年丧失；但是，尚未超过明示的安全使用期的除外。

第三十四条　本法所称缺陷，是指产品存在危及人身、他人财产安全的不合理的危险；产品有保障人体健康，人身、财产安全的国家标准、行业标准的，是指不符合该标准。

第三十五条　因产品质量发生民事纠纷时，当事人可以通过协商或者调解解决。当事人不愿通过协商、调解解决或者协商、调解不成的，可以根据当事人各方的协议向仲裁机构申请仲裁；当事人各方没有达成仲裁协议的，可以向人民法院起诉。

六、《中华人民共和国消费者权益保护法》法条摘录

《消费者权益保护法》由中华人民共和国第八届全国人民代表大会常务委员会第四次会议于1993年10月31日通过，自1994年1月1日起施行。2009年修改，2009年8月27日实施。

第二条 消费者为生活消费需要购买、使用商品或者接受服务，其权益受本法保护；本法未作规定的，受其他有关法律、法规保护。

第三条 经营者为消费者提供其生产、销售的商品或者提供服务，应当遵守本法；本法未作出规定的，应当遵守其他有关法律、法规。

第四条 经营者与消费者进行交易，应当遵循自愿、平等、公平、诚实信用的原则。

第六条 保护消费者的合法权益是全社会的共同责任。

国家鼓励、支持一切组织和个人对损害消费者合法权益的行为进行社会监督。

大众传播媒介应当做好维护消费者合法权益的宣传，对损害消费者合法权益的行为进行舆论监督。

第七条 消费者在购买、使用商品和接受服务时享有人身、财产安全不受损害的权利。

消费者有权要求经营者提供的商品和服务，符合保障人身、财产安全的要求。

第八条 消费者享有知悉其购买、使用的商品或者接受的服务的真实情况的权利。

消费者有权根据商品或者服务的不同情况，要求经营者提供商品的价格、产地、生产者、用途、性能、规格、等级、主要成份、

生产日期、有效期限、检验合格证明、使用方法说明书、售后服务，或者服务的内容、规格、费用等有关情况。

第九条 消费者享有自主选择商品或者服务的权利。

消费者有权自主选择提供商品或者服务的经营者，自主选择商品品种或者服务方式，自主决定购买或者不购买任何一种商品、接受或者不接受任何一项服务。

消费者在自主选择商品或者服务时，有权进行比较、鉴别和挑选。

第十条 消费者享有公平交易的权利。

消费者在购买商品或者接受服务时，有权获得质量保障、价格合理、计量正确等公平交易条件，有权拒绝经营者的强制交易行为。

第十一条 消费者因购买、使用商品或者接受服务受到人身、财产损害的，享有依法获得赔偿的权利。

第十二条 消费者享有依法成立维护自身合法权益的社会团体的权利。

第十三条 消费者享有获得有关消费和消费者权益保护方面的知识的权利。

消费者应当努力掌握所需商品或者服务的知识和使用技能，正确使用商品，提高自我保护意识。

第十四条 消费者在购买、使用商品和接受服务时，享有其人格尊严、民族风俗习惯得到尊重的权利。

第十五条 消费者享有对商品和服务以及保护消费者权益工作进行监督的权利。

消费者有权检举、控告侵害消费者权益的行为和国家机关及其工作人员在保护消费者权益工作中的违法失职行为，有权对保护消费者权益工作提出批评、建议。

第十九条 经营者应当向消费者提供有关商品或者服务的真实信息，不得作引人误解的虚假宣传。

经营者对消费者就其提供的商品或者服务的质量和使用方法等问题提出的询问，应当作为真实、明确的答复。

商店提供商品应当明码标价。

第二十条 经营者应当标明其真实名称和标记。

租赁他人柜台或者场地的经营者，应当标明其真实名称和标记。

第二十一条 经营者提供商品或者服务，应当按照国家有关规定或者商业惯例向消费者出具购货凭证或者服务单据；消费者索要购货凭证或者服务单据的，经营者必须出具。

第二十二条 经营者应当保证在正常使用商品或者接受服务的情况下其提供的商品或者服务应当具有的质量、性能、用途和有效期限；但消费者在购买该商品或者接受该服务前已经知道其存在瑕疵的除外。

经营者以广告、产品说明、实物样品或者其他方式表明商品或者服务的质量状况的，应当保证其提供的商品或者服务的实际质量与表明的质量状况相符。

第二十四条 经营者不得以格式合同、通知、声明、店堂告示等方式作出对消费者不公平、不合理的规定，或者减轻、免除其损害消费者合法权益应当承担的民事责任。

格式合同、通知、声明、店堂告示等含有前款所列内容的，其内容无效。

第二十五条 经营者不得对消费者进行侮辱、诽谤，不得搜查消费者的身体及其携带的物品，不得侵犯消费者的人身自由。

第三十一条 消费者协会和其他消费者组织是依法成立的对商品和服务进行社会监督的保护消费者合法权益的社会团体。

第三十四条 消费者和经营者发生消费者权益争议的，可以通过下列途径解决：

（一）与经营者协商和解；

（二）请求消费者协会调解；

（三）向有关行政部门申诉；

（四）根据与经营者达成的仲裁协议提请仲裁机构仲裁；

（五）向人民法院提起诉讼。

第三十五条　消费者在购买、使用商品时，其合法权益受到损害的，可以向销售者要求赔偿。销售者赔偿后，属于生产者的责任或者属于向销售者提供商品的其他销售者的责任的，销售者有权向生产者或者其他销售者追偿。

消费者或者其他受害人因商品缺陷造成人身、财产损害的，可以向销售者要求赔偿，也可以向生产者要求赔偿。属于生产者责任的，销售者赔偿后，有权向生产者追偿。属于销售者责任的，生产者赔偿后，有权向销售者追偿。

消费者在接受服务时，其合法权益受到损害的，可以向服务者要求赔偿。

第三十六条　消费者在购买、使用商品或者接受服务时，其合法权益受到损害，因原企业分立、合并的，可以向变更后承受其权利义务的企业要求赔偿。

第三十七条　使用他人营业执照的违法经营者提供商品或者服务，损害消费者合法权益的，消费者可以向其要求赔偿，也可以向营业执照的持有人要求赔偿。

第三十八条　消费者在展销会、租赁柜台购买商品或者接受服务，其合法权益受到损害的，可以向销售者或者服务者要求赔偿。展销会结束或者柜台租赁期满后，也可以向展销会的举办者、柜台的出租者要求赔偿。展销会的举办者、柜台的出租者赔偿后，有权向销售者或者服务者追偿。

第三十九条　消费者因经营者利用虚假广告提供商品或者服务，其合法权益受到损害的，可以向经营者要求赔偿。广告的经营者发布虚假广告的，消费者可以请求行政主管部门予以惩处。广告的经营者不得提供经营者的真实名称、地址的，应当承担赔偿责任。

第四十条 经营者提供商品或者服务有下列情形之一的，除本法另有规定外，应当依照《中华人民共和国产品质量法》和其他有关法律、法规的规定，承担民事责任：

（一）商品存在缺陷的；

（二）不具备商品应当具备的使用性能而出售时未作说明的；

（三）不符合在商品或者其包装上注明采用的商品标准的；

（四）不符合商品说明、实物样品等方式表明的质量状况的；

（五）生产国家明令淘汰的商品或者销售失效、变质的商品的；

（六）销售的商品数量不足的；

（七）服务的内容和费用违反约定的；

（八）对消费者提出的修理、重作、更换、退货、补足商品数量、退还货款和服务费用或者赔偿损失的要求，故意拖延或者无理拒绝的；

（九）法律、法规规定的其他损害消费者权益的情形。

第四十一条 经营者提供商品或者服务，造成消费者或者其他受害人人身伤害的，应当支付医疗费、治疗期间的护理费、因误工减少的收入等费用，造成残疾的，还应当支付残疾者生活自助具费、生活补助费、残疾赔偿金以及由其扶养的人所必需的生活费等费用；构成犯罪的，依法追究刑事责任。

第四十二条 经营者提供商品或者服务，造成消费者或者其他受害人死亡的，应当支付丧葬费、死亡赔偿金以及由死者生前扶养的人所必需的生活费等费用；构成犯罪的，依法追究刑事责任。

第四十三条 经营者违反本法第二十五条规定，侵害消费者的人格尊严或者侵犯消费者人身自由的，应当停止侵害、恢复名誉、消除影响、赔礼道歉，并赔偿损失。

第四十七条 经营者以预收款方式提供商品或者服务的，应当按照约定提供。未按照约定提供的，应当按照消费者的要求履行约定或者退回预付款；并应当承担预付款的利息、消费者必须支付的合理费用。

第四十八条　依法经有关行政部门认定为不合格的商品，消费者要求退货的，经营者应当负责退货。

第四十九条　经营者提供商品或者服务有欺诈行为的，应当按照消费者的要求增加赔偿其受到的损失，增加赔偿的金额为消费者购买商品的价款或者接受服务的费用的一倍。

第五十条　经营者有下列情形之一，《中华人民共和国产品质量法》和其他有关法律、法规对处罚机关和处罚方式有规定的，依照法律、法规的规定执行；法律、法规未作规定的，由工商行政管理部门责令改正，可以根据情节单处或者并处警告、没收违法所得、处以违法所得一倍以上五倍以下的罚款，没有违法所得的处以一万元以下的罚款；情节严重的，责令停业整顿、吊销营业执照：

（一）生产、销售的商品不符合保障人身、财产安全要求的；

（二）在商品中掺杂、掺假，以假充真，以次充好，或者以不合格商品冒充合格商品的；

（三）生产国家明令淘汰的商品或者销售失效、变质的商品的；

（四）伪造商品的产地，伪造或者冒用他人的厂名、厂址，伪造或者冒用认证标志、名优标志等质量标志的；

（五）销售的商品应当检验、检疫而未检验、检疫或者伪造检验、检疫结果的；

（六）对商品或者服务作引人误解的虚假宣传的；

（七）对消费者提出的修理、重作、更换、退货、补足商品数量、退还货款和服务费用或者赔偿损失的要求，故意拖延或者无理拒绝的；

（八）侵害消费者人格尊严或者侵犯消费者人身自由的；

（九）法律、法规规定的对损害消费者权益应当予以处罚的其他情形。